国家出版基金资助项目

现代数学中的著名定理纵横谈丛书

丛书主编　王梓坤

EISENSTEIN AXIOM

Eisenstein公理

刘培杰数学工作室 编译

内 容 简 介

本书从一道美国加州大学洛杉矶分校(UCLA)博士资格考题谈起,详细介绍了椭圆函数以及模函数的相关知识.全书共分为三章,分别为:椭圆函数、模函数、椭圆函数与算术学.

本书可供从事这一数学分支或相关学科的数学工作者、大学生以及数学爱好者研读.

图书在版编目(CIP)数据

Eisenstein 公理/刘培杰数学工作室编译.一哈尔滨:哈尔滨工业大学出版社,2017.8
(现代数学中的著名定理纵横谈丛书)
ISBN 978-7-5603-6677-7

Ⅰ.①E… Ⅱ.①刘… Ⅲ.①函数论 Ⅳ.①O174

中国版本图书馆 CIP 数据核字(2017)第 136902 号

策划编辑 刘培杰 张永芹
责任编辑 张永芹 杜莹雪
封面设计 孙茵艾
出版发行 哈尔滨工业大学出版社
社　　址 哈尔滨市南岗区复华四道街 10 号 邮编 150006
传　　真 0451－86414749
网　　址 http://hitpress.hit.edu.cn
印　　刷 牡丹江邮电印务有限公司
开　　本 787mm×960mm 1/16 印张 13.25 字数 136 千字
版　　次 2017 年 8 月第 1 版 2017 年 8 月第 1 次印刷
书　　号 ISBN 978－7－5603－6677－7
定　　价 98.00 元

⊙代序

读书的乐趣

你最喜爱什么——书籍.

你经常去哪里——书店.

你最大的乐趣是什么——读书.

这是友人提出的问题和我的回答.真的,我这一辈子算是和书籍,特别是好书结下了不解之缘.有人说,读书要费那么大的劲,又发不了财,读它做什么?我却至今不悔,不仅不悔,反而情趣越来越浓.想当年,我也曾爱打球,也曾爱下棋,对操琴也有兴趣,还登台伴奏过.但后来却都一一断交,“终身不复鼓琴”.那原因便是怕花费时间,玩物丧志,误了我的大事——求学.这当然过激了一些.剩下来唯有读书一事,自幼至今,无日少废,谓之书痴也可,谓之书橱也可,管它呢,人各有志,不可相强.我的一生大志,便是教书,而当教师,不多读书是不行的.

读好书是一种乐趣,一种情操;一种向全世界古往今来的伟人和名人求教的方法，一种和他们展开讨论的方式；一封出席各种活动、体验各种生活、结识各种人物的邀请信；一张迈进科学宫殿和未知世界的入场券；一股改造自己、丰富自己的强大力量.书籍是全人类有史以来共同创造的财富，是永不枯竭的智慧的源泉.失意时读书，可以使人重整旗鼓；得意时读书，可以使人头脑清醒；疑难时读书，可以得到解答或启示；年轻人读书，可明奋进之道；年老人读书，能知健神之理.浩浩乎！洋洋乎！如临大海，或波涛汹涌，或清风微拂，取之不尽，用之不竭.吾于读书，无疑义矣，三日不读，则头脑麻木，心摇摇无主.

潜能需要激发

我和书籍结缘，开始于一次非常偶然的机会.大概是八九岁吧，家里穷得揭不开锅，我每天从早到晚都要去田园里帮工.一天，偶然从旧木柜阴湿的角落里，找到一本蜡光纸的小书，自然很破了.屋内光线暗淡，又是黄昏时分，只好拿到大门外去看.封面已经脱落，扉页上写的是《薛仁贵征东》.管它呢，且往下看.第一回的标题已忘记，只是那首开卷诗不知为什么至今仍记忆犹新：

日出遥遥一点红，飘飘四海影无踪.

三岁孩童千两价，保主跨海去征东.

第一句指山东，二、三两句分别点出薛仁贵（雪、人贵）.那时识字很少，半看半猜，居然引起了我极大的兴趣，同时也教我认识了许多生字.这是我有生以来独立看的第一本书.尝到甜头以后，我便千方百计去找书，向小朋友借，到亲友家找，居然断断续续看了《薛丁山征西》《彭公案》《二度梅》等，樊梨花便成了我心中的女英雄.我真入迷了.从此,放牛也罢,车水也罢,我总要带一本书,还练出了边走田间小路边读书的本领,读得津津有味,不知人间别有他事.

当我们安静下来回想往事时,往往会发现一些偶然的小事却影响了自己的一生.如果不是找到那本《薛仁贵征东》,我的好学心也许激发不起来.我这一生,也许会走另一条路.人的潜能,好比一座汽油库,星星之火,可以使它雷声隆隆、光照天地;但若少了这粒火星,它便会成为一潭死水,永归沉寂.

抄,总抄得起

好不容易上了中学,做完功课还有点时间,便常光顾图书馆.好书借了实在舍不得还,但买不到也买不起,便下决心动手抄书.抄,总抄得起.我抄过林语堂写的《高级英文法》,抄过英文的《英文典大全》,还抄过《孙子兵法》,这本书实在爱得狠了,竟一口气抄了两份.人们虽知抄书之苦,未知抄书之益,抄完毫末俱见,一览无余,胜读十遍.

始于精于一,返于精于博

关于康有为的教学法,他的弟子梁启超说:"康先生之教,专标专精、涉猎二条,无专精则不能成,无涉猎则不能通也."可见康有为强烈要求学生把专精和广博(即"涉猎")相结合.

在先后次序上,我认为要从精于一开始.首先应集中精力学好专业,并在专业的科研中做出成绩,然后逐步扩大领域,力求多方面的精.年轻时,我曾精读杜布(J. L. Doob)的《随机过程论》,哈尔莫斯(P. R. Halmos)的《测度论》等世界数学名著,使我终身受益.简言之,即"始于精于一,返于精于博".正如中国革命一样,必须先有一块根据地,站稳后再开创几块,最后连成一片.

丰富我文采,澡雪我精神

辛苦了一周,人相当疲劳了,每到星期六,我便到旧书店走走,这已成为生活中的一部分,多年如此.一次,偶然看到一套《纲鉴易知录》,编者之一便是选编《古文观止》的吴楚材.这部书提纲挈领地讲中国历史,上自盘古氏,直到明末,记事简明,文字古雅,又富于故事性,便把这部书从头到尾读了一遍.从此启发了我读史书的兴趣.

我爱读中国的古典小说,例如《三国演义》和《东周列国志》.我常对人说,这两部书简直是世界上政治阴谋诡计大全.即以近年来极时髦的人质问题(伊朗人质、劫机人质等),这些书中早就有了,秦始皇的父亲便是受害者,堪称"人质之父".

《庄子》超尘绝俗,不屑于名利.其中"秋水""解牛"诸篇,诚绝唱也.《论语》束身严谨,勇于面世,"己所不欲,勿施于人",有长者之风.司马迁的《报任少卿书》,读之我心两伤,既伤少卿,又伤司马;我不知道少卿是否收到这封信,希望有人做点研究.我也爱读鲁迅的杂文,果戈理、梅里美的小说.我非常敬重文天祥、秋瑾的人品,常记他们的诗句:"人生自古谁无死,留取丹心照汗青""休言女子非英物,夜夜龙泉壁上鸣".唐诗、宋词、《西厢记》《牡丹亭》,丰富我文采,澡雪我精神,其中精粹,实是人间神品.

读了邓拓的《燕山夜话》,既叹服其广博,也使我动了写《科学发现纵横谈》的心.不料这本小册子竟给我招来了上千封鼓励信.以后人们便写出了许许多多的“纵横谈”.

从学生时代起,我就喜读方法论方面的论著.我想,做什么事情都要讲究方法,追求效率、效果和效益,方法好能事半而功倍.我很留心一些著名科学家、文学家写的心得体会和经验.我曾惊讶为什么巴尔扎克在51年短短的一生中能写出上百本书,并从他的传记中去寻找答案.文史哲和科学的海洋无边无际,先哲们的明智之光沐浴着人们的心灵,我衷心感谢他们的恩惠.

读书的另一面

以上我谈了读书的好处,现在要回过头来说说事情的另一面.

读书要选择.世上有各种各样的书:有的不值一看,有的只值看20分钟,有的可看5年,有的可保存一辈子,有的将永远不朽.即使是不朽的超级名著,由于我们的精力与时间有限,也必须加以选择.决不要看坏书,对一般书,要学会速读.

读书要多思考.应该想想,作者说得对吗?完全吗?适合今天的情况吗?从书本中迅速获得效果的好办法是有的放矢地读书,带着问题去读,或偏重某一方面去读.这时我们的思维处于主动寻找的地位,就像猎人追找猎物一样主动,很快就能找到答案,或者发现书中的问题.

有的书浏览即止,有的要读出声来,有的要心头记住,有的要笔头记录.对重要的专业书或名著,要勤做笔记,“不动笔墨不读书”.动脑加动手,手脑并用,既可加深理解,又可避忘备查,特别是自己的灵感,更要及时抓住.清代章学诚在《文史通义》中说:“札记之功必不可少,如不札记,则无穷妙绪如雨珠落大海矣.”

许多大事业、大作品，都是长期积累和短期突击相结合的产物.涓涓不息，将成江河；无此涓涓，何来江河？

爱好读书是许多伟人的共同特性，不仅学者专家如此，一些大政治家、大军事家也如此.曹操、康熙、拿破仑、毛泽东都是手不释卷，嗜书如命的人.他们的巨大成就与毕生刻苦自学密切相关.

王梓坤

目录

第1章 椭圆函数

1.1 引 言

随着中国博士培养工程的突飞猛进,中国的博士毕业人数已居世界第二,仅次于美国,而且在可预见的时间内一定会稳居世界第一.但随之而来的是质量开始下滑,这时大洋彼岸美国的博士培养模式开始受到关注.一份美国加州大学洛杉矶分校(UCLA)博士资格考题走进高校学子的视野,以数学题目而论,它涵盖广、有深度,足以检验出一名候选人的学术潜质和理论功底.

它分成以下几大方面:

一、代数:其中包括群论、环论、域论、线性代数.

二、实分析.

三、复分析.

四、几何拓扑:其中包括流形拓扑、代数拓扑.

本书仅选其中一题详细介绍其背景.此题是1986年的试题.

题目 设 f 为具有周期 w_1, w_2 的椭圆函数,L 为格 $Z_{w_1}+Z_{w_2}$,若 $a_1,\cdots,a_m(b_1,\cdots,b_n)$ 是 f 在基本平行四边形中的零点(极点).试证

$$a_1+\cdots+a_m\equiv b_1+\cdots+b_n \pmod L$$

此题是关于椭圆函数性质的问题,椭圆函数在历史上有两个来源:一是椭圆积分;二是椭圆曲线.椭圆积分作为古典数学早已沉寂,但椭圆曲线因费马(Fermat)大定理和密码学的兴起而重新唤起人们对它关注的热情,所以椭圆函数又老树发新芽了.

关于椭圆函数历史上有若干著名数学家研究过,雅可比的名著《椭圆函数论新基础》是其经典.1829年,德国数学家雅可比(Carl Gustav Jacob Jacobi,1804—1851)出版了他的名著《椭圆函数论新基础》(*Fundamenda nova theoriae functionum ellipticarum*).由于此书的出版,雅可比与阿贝尔共享了发现椭圆函数的盛誉,该著作是雅可比研究工作的总结,是椭圆函数论的重要经典著作.

椭圆函数论是19世纪数学家兴趣的中心点.在雅可比和阿贝尔之前,高斯、欧拉、拉格朗日、勒让德等人曾经取得椭圆函数论中的许多关键性结果,但他们只考虑椭圆积分,雅可比和阿贝尔差不多同时有了从椭圆积分的反函数入手进行研究的这一重要思想,从而开辟了通往今天椭圆函数论的道路.雅可比椭圆的思想的发展主要体现在该著作中.该书由两部分组成,第一部分主要处理椭圆函数的变换.雅可比以第一类一般椭圆积分为起点,通过结合两种变换,得到了第一类椭圆积分的乘积这一漂亮结果.之后,雅可比将反函数

$$\varphi=am\,u$$

引入椭圆积分

$$u(\varphi,k)=\int_0^{\varphi}\frac{\mathrm{d}\varphi}{1-k^2\sin^2\varphi}$$

中,这样就有

$$x=\sin\varphi=\sin amu$$

进一步引入

$$\cos amu=am(k-u)\quad\left(k=u\left[\frac{\pi}{2},k\right]\right)$$

$$\Delta amu=\sqrt{1-k^2\sin^2 amu}$$

(这些在今天分别被表示为 sn u, cn u 和 dn u.) 建立了这些函数间的关系. 此外,雅可比将虚数引入椭圆函数论,利用代换

$$\sin\varphi=\mathrm{i}\tan\varphi$$

建立了关系

$$\sin am(\mathrm{i}u,k)=\mathrm{i}\tan am(u,k')$$

模 k,k' 满足

$$k^2+k'^2=1$$

这样,他得到了椭圆函数的双周期性、零值、无穷值及在半周期上值的变化等结果. 在第一部分的最后,雅可比发展了被所有变换模满足的三阶微分方程.《椭圆函数论新基础》的第二部分处理椭圆函数的表示,致力于将椭圆函数展开成各种无穷乘积和级数. 他给出的椭圆函数 sin amu, cos amu, Δamu 的第一个表示是以无穷乘积商的形式引入函数

$$Z(u)=\frac{F'E(\varphi)-E'F(\varphi)}{F'}\quad(\varphi=amu)$$

之后,他处理第二类积分,第三类积分被化为第一类和第二类积分. 函数

$$H(u)=H(0)\exp(\int_0^u z(u)\mathrm{d}u)$$

在他的椭圆函数中起了重要作用. 第二部分另外的内容是将 $H(u)$ 这样的函数表示为无穷乘积和傅里叶级数,从而得到一些卓越的公式. 最后,雅可比以椭圆函数论在数论中的应用的讨论结束全书.

此书出版后的多年中,雅可比继续了他在椭圆函数论方面的工作. 他讲授椭圆函数论多年,以致他对这一课题的探讨成为函数论本身发展所遵循的模式.

如果把椭圆函数理论视为一座宏伟的数学大厦的话,那么有一些数学家从事的是打地基的工作,有些数学家是在建立框架,而更多的数学家则是在添砖加瓦添补细节. 打地基的工作需要大师级的人物,如高斯、欧拉、阿贝尔之流;建立理论框架则需要顶级数学家的参与,如拉格朗日、勒让德、雅可比、魏尔斯特拉斯等人;而大量添加细节的工作则是由许许多多还不那么知名的各国数学家去完成. 在早期的数学大国,如英国、法国、德国的浩如烟海的典籍之中,可以发现大量我们现在早已遗忘的人,如德斯佩鲁(Despeyrous Théodore,1815—1883),法国数学家,生于博蒙－德洛马涅(Beaumont-de-Lomagne), 卒于图卢兹(Toulouse),学于图卢兹和莱克图尔(Lectoure). 曾任第戎(Dijon)学院教授,著有《椭圆函数》(*Surles functions elliptiques*).

本书限于篇幅只能择其要点略加介绍.

1.2　二重周期函数及椭圆函数之通性

1.2.1　周期函数及其级数展开

设 ω 为一个实数或复数. 如单值解析函数 $f(z)$ 无论对 z 之何值皆适合下式

$$f(z+\omega)=f(z)$$

则 $f(z)$ 称为周期函数, 而 ω 称为此函数 $f(z)$ 的周期. 例如 $\sin z$, $\cos z$ 为以 2π 为周期的函数; $\tan z$, $\cot z$ 为以 π 为周期的函数; 而 e^z 为以 $2\pi i$ 为周期的函数. 由这些函数的图像研究得知这些函数的周期将其存在区域划分为若干周期地带. 兹再就其一般情况研究之.

在 z 平面中标出代表 ω 之点, 并在通过原点及点 ω 之无限直线的两端分别截取与 $|\omega|$ 等长的线段各若干次, 得

$$\omega, 2\omega, 3\omega, \cdots, n\omega, \cdots$$

诸点及

$$-\omega, -2\omega, -3\omega, \cdots, -n\omega, \cdots$$

诸点. 由此诸点及坐标原点在任一方向, 作与 $O\omega$ 不平行的诸平行线, 则此平面被划分为无限个等宽的带状区域(图 1).

若由一任意点 z 作与 $O\omega$ 平行之直线, 则在 $z+\lambda\omega$ 式中令实数 λ 由 $-\infty$ 变至 $+\infty$ 即得此直线的各点. 如此点 z 作第一带状区域 $AA'BB'$, 则其在第二带状区域内之对应点 $z+2\omega$ 作第二带状区域 $BB'CC'$, 其在第三带状区域内之对应点 $z+2\omega$ 作第三带状区域, ……. 由于函数 $f(z)$ 有周期性, 故其在各带状区域内之同位点上之值皆为相等.

设 LL' 与 MM' 为平行 $O\omega$ 之两条无限直线

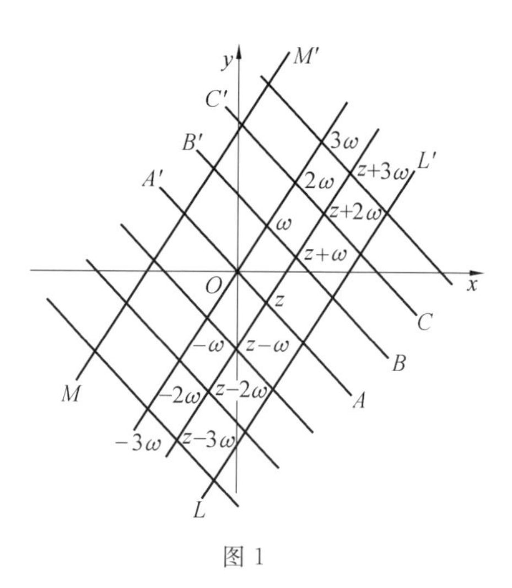

图 1

(图 1)，并设 $u=e^{\frac{2\pi iz}{\omega}}$. 当 z 作 LL' 与 MM' 两平行线间之无限带状区域时，u 在其平面中亦作一区域. 兹将此区域求之. 如 $\alpha+i\beta$ 为 LL' 上的一点，则在 $\alpha+i\beta+\lambda\omega$ 式中令实数 λ 由 $-\infty$ 变至 $+\infty$ 即得此直线上的所有点. 因此

$$u=e^{\frac{2\pi i}{\omega}(\alpha+i\beta+\lambda\omega)}=e^{2\pi i\lambda}e^{2\pi i\frac{\alpha+i\beta}{\omega}}$$

而当 λ 由 $-\infty$ 变至 $+\infty$ 时，u 作以原点为心之圆 C_1. 同理，当 z 作 MM' 直线时，u 作另一以原点为心之圆 C_2. 故若 z 作此两条直线间之无限带状区域，则 u 作此两圆间之环状区域(图 2). 但对此无限带状区域内任一点在此环状区域内则只有一点 u 与之相应；相反的，对此环状区域内任一点在此无限带状区域内则有无限个点 z 与之相应，而此无限个 z 值作成以 ω 为公差的等差数列.

在 LL'，MM' 两平行线间之无限带状区域内为正

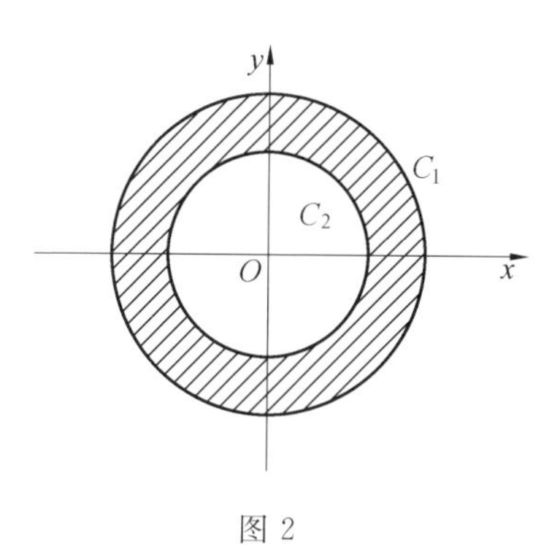

图 2

则，而以 ω 为周期之函数 $f(z)$ 可与 C_1，C_2 两圆间之环状区域内的正则函数 $\varphi(u)$ 相等．因对 u 之一值虽有无限个 z 值与之相应，但 $f(z)$ 对此无限个 z 值则只有一值，而且若 u_0 与 z_0 为相应的两值，则当 u 趋于 u_0 时，趋于 z_0 的 z 在 u_0 邻近为 u 之正则函数，反之亦然．因此，此函数 $\varphi(u)$ 在此环状区域内可用罗朗公式展为

$$\varphi(u)=\sum_{m=-\infty}^{+\infty}A_m u^m$$

将 u 为 z 之式代入，即得此周期函数 $f(z)$ 在所设无限带状区域内之展开式

$$f(z)=\sum_{m=-\infty}^{+\infty}A_m \mathrm{e}^{\frac{2m\pi\mathrm{i}z}{\omega}} \tag{1}$$

此即傅里叶之展开式．

如此函数 $f(z)$ 在全 z 平面中为正则，则可设此两直线 LL'，MM' 无限分离．

由此即得定理如下：

所有周期整函数都可展为 $\mathrm{e}^{\frac{2m\pi\mathrm{i}z}{\omega}}$ 之正负幂级数，且对 z 之有限值为收敛．

1.2.2 单值解析函数有两个以上的周期之不可能

用雅可比定理[1]或黎曼定理[2]都可证明单值解析函数不可能有两个以上的周期. 兹将其不可能有三个周期的情况证明之.

设 a,b,c 为或实或复的任意三个数,并设 m,n,p 为或正或负的任意三个整数,且其中至少有一个整数不为零. 除

$$m=0,n=0,p=0$$

外,如令 m,n,p 有一切可能之值,则 $|ma+nb+pc|$ 的下限等于零.

设(E)为表达 $ma+nb+pc$ 之点的集合. 如其与两组不同整数(m,n,p),(m_1,n_1,p_1)相应的点重合,则

$$ma+nb+pc=m_1a+n_1b+p_1c$$

或

$$(m-m_1)a+(n-n_1)b+(p-p_1)c=0$$

其中 $m-m_1,n-n_1,p-p_1$ 至少有一个不为零. 在此特殊情形中,以上定理极为显明. 如(E)之各点都是分立的,并令 2δ 为 $|ma+nb+pc|$ 的下限,则 2δ 亦为(E)中任意两点距离的下限,因为此两点 $ma+nb+pc$ 与 $m_1a+n_1b+p_1c$ 的距离等于

$$|(m-m_1)a+(n-n_1)b+(p-p_1)c|$$

兹证明此数 δ 不能大于零.

设 N 为一正整数,并令 m,n,p 有以下各值

$$-N,-(N-1),\cdots,-1,0,1,\cdots,N-1,N$$

---

[1] Jacobi, Ges. Werke, Ⅱ. 1882:25-26.

[2] Riemann, Ges. Math. Werke, 1892:294.

将 m,n,p 的各值就可能情况组合之，则得(E) 的 $(2N+1)^3$ 个点，按假设此各点都是分立的. 设 $|a| \geqslant |b| \geqslant |c|$，则由原点至(E) 的各点中之任一点的距离最大等于 $3N|a|$. 故各点位于以原点为圆心，以 $3N|a|$ 为半径的圆 C 内或位于圆 C 上. 如以各点中的每点为圆心作以 δ 为半径之圆，则此各圆皆位于以原点为圆心，以 $3N|a|+\delta$ 为半径的圆 C_1 内，而没有相重叠的，因为它们两圆心的距离都不能小于 2δ. 故此各小圆的面积之和小于圆 C_1 的面积(图 3)，而得

$$(3N|a|+\delta)^2 > (2N+1)^3\delta^2$$

或

$$\delta < \frac{3N|a|}{(2N+1)^{\frac{3}{2}}-1}$$

图 3

当 N 变为无限时，此式的右端趋于零，故此不等式存在对 N 的各值来说不能使任意正数 δ 适合. 换言之，即 $|ma+nb+pc|$ 的下限不能为正数，因而其下限等于零. 定理得证.

由此定理可知：如无适合 $ma+nb+pc=0$ 之整数 $m,n,p(m=n=p=0$ 除外)，则恒可求得能使 $|ma+$

$nb+pc|$ 小于任一正数 ε 之 m,n,p. 在此种情形中单值解析函数 $f(z)$ 不能有三个独立周期 a,b,c. 因若令 z_0 为 $f(z)$ 的正则点,并以 z_0 为心,以 ε 为半径作圆,则 ε 之小可使 $f(z)=f(z_0)$ 在此圆内除 $z=z_0$ 外不能有其他之根. 如 a,b,c 为 $f(z)$ 之周期,则 $ma+nb+pc$ 对于整数 m,n,p 之各值亦为 $f(z)$ 之周期,故得

$$f(z_0+ma+nb+pc)=f(z_0)$$

然若 m,n,p 的选择适合 $|ma+nb+pc|<\varepsilon$,则方程式 $f(z)=f(z_0)$ 于 z_0 以外将有适合 $|z_1-z_0|<\varepsilon$ 之根 z_1,此乃不可能之情形.

当 m,n,p 三个整数不同时为零而 a,b,c 适合

$$ma+nb+pc=0 \tag{2}$$

时,单值解析函数虽可以 a,b,c 为周期,但此周期化为两个或化为一个. 兹设此三个整数除 1 以外无其他公约数,并设 D 为 m,n 的最大公约数,即

$$m=Dm',n=Dn'$$

因此两数 m',n' 互为质数,故可求得能使其适合

$$m'n''-m''n'=1$$

之其他两个整数 m'',n''. 命

$$m'a+n'b=a',m''a+n''b=b'$$

即得

$$a=n''a'-n'b',b=m'b'-m''a'$$

如 a,b 为 $f(z)$ 之周期,则 a',b' 亦为 $f(z)$ 之周期. 故可以 a',b' 两个周期代 a,b 两个周期,因而式(2) 变为

$$Da'+pc=0$$

D 与 p 即互为质数,故可另求得适合

$$Dp'-D'p=1$$

之两个整数 D' 与 p'. 命

$$D'a' + p'c = C'$$

即得

$$a' = -pc', c = Dc'$$

由此可见,此三个周期 a,b,c 为此两个周期 b',c' 之线性组合.

注　茹利亚对雅可比的这个定理曾做更深之研究.他在《$ma + nb + pc$ 点在复平面中之分布》论文中得有两种可能情形:

(1) 此点可分布在全平面中,而且在此平面的各任意小部分内可有无限个;

(2) 此点可分布在无限条等距平行直线上,而且在此直线的任意一条之各线段上可有无限个.

1.2.3　单值解析函数的两个周期之比不能为实数

在前节中已证明单值解析函数不能有两个以上的周期,兹证明此两个周期之比不能为实数.

设 α,β 为两个实数,m,n 为任意两个整数,其中至少有一个整数不为零,则 $|m\alpha+n\beta|$ 之下限等于零.因若令

$$a = \alpha, b = \beta, c = \mathrm{i}$$

则 $ma + nb + p\mathrm{i}$ 之模只可当 $p = 0$, $|m\alpha + n\beta| < \varepsilon$ 时小于一数 $s < 1$.因此,单值解析函数 $f(z)$ 不能有两个独立实周期 α 与 β.

设 α,β 不皆为实数.如 $\frac{\beta}{\alpha}$ 之比为无理数,则可求得适合 $|m\alpha + n\beta| < \varepsilon$ 之两个整数 m,n 来适合以上的定理;如 $\frac{\beta}{\alpha}$ 之比为有理数,且等于不可化约的分数 $\frac{m}{n}$,则可求得适合

$$mn' - m'n = 1$$

之两整数 m',n'. 令

$$m'\alpha - n'\beta = \gamma$$

则 γ 亦为一个周期. 由以下两式

$$m\alpha - n\beta = 0, m'\alpha - n'\beta = \gamma$$

可得

$$\alpha = -n\gamma, \beta = -m\gamma$$

即 α 与 β 都为此周期 γ 的乘数而不为独立周期.

由此可见,单值解析函数 $f(z)$ 不能有比值为实数的两个独立周期 a 与 b. 若然,则此函数 $f(az)$ 将要有两个实周期 1 与 $\frac{b}{a}$.

1.2.4 二重周期函数,周期平行四边形

有两个周期的单值解析函数称为二重周期函数. 由前节可知,此两个周期不能都为实数,而其比值亦不能为实数. 兹用魏尔斯特拉斯符号,以 u 表示自变复数,以 2ω 与 $2\omega'$ 表示此两个周期,并在 $\frac{\omega'}{\omega}$ 之虚数部中设 i 之系数为正数. 在 u 平面中标明 $2\omega, 4\omega, 6\omega, \cdots$ 各点及 $2\omega', 4\omega', 6\omega', \cdots$ 各点. 由 $2m\omega$ 各点作平行于 $O\omega'$ 方向之各平行线,并由 $2m'\omega'$ 各点作平行于 $O\omega$ 方向之各平行线,此平面即被划分为相同平行四边形之网(图 4). 设 $f(u)$ 为以 $2\omega, 2\omega'$ 为周期之单值解析函数,由以下两式

$$f(u + 2\omega) = f(u), f(u + 2\omega') = f(u)$$

可得

$$f(u + 2m\omega + 2m'\omega') = f(u)$$

因而,$2m\omega + 2m'\omega'$ 对此整数 m 与 m' 之各值亦为一个

周期，此普通周期将用 2ω 表示.

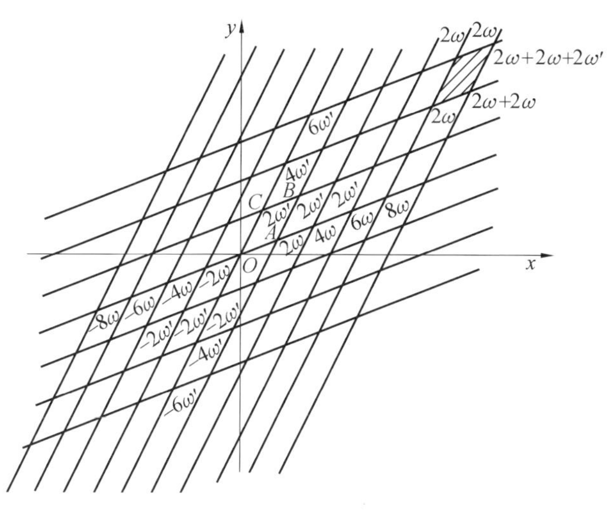

图 4

在图 4 上表示各周期之点为平行四边形网之各顶点. 当点 u 作以 $0, 2\omega, 2\omega + 2\omega', 2\omega'$ 为顶点之平行四边形 $OABC$ 时，点 $u + 2w$ 即作以

$$2w, 2w + 2\omega, 2w + 2\omega + 2\omega', 2w + 2\omega'$$

为顶点之平行四边形，而函数 $f(u)$ 在此两个平行四边形之两任意相当点上有相同之值. 就一般情形来说，此函数 $f(u)$ 在各平行四边形之各任意相当点上皆有相同之值. 因此，各平行四边形皆称为周期平行四边形.

为简便起见，此周期 $2\omega + 2\omega'$ 将以 $2\omega''$ 表之. 因而，平行四边形 $OABC$ 之中心为点 ω''，而点 ω 与 ω' 各为 OA 与 OC 两边之中点.

二重周期整函数

由以上情形，可得定理如下：

所有二重周期整函数皆为常数.

设 $f(u)$ 为二重周期函数，如 $f(u)$ 再为整函数，则其在 $OABC$ 平行四边形内为正则，而其模 $|f(u)|$ 在此平行四边形内将恒小于一个定值 M. 但按 $f(u)$ 之二重周期性，其在此平面内任一点之值等于其在 $OABC$ 平行四边形内某点之值. 因此，$f(u)$ 之模恒小于一个定值 M. 而由刘维尔定理可知，$f(u)$ 为常数. 定理得证.

由此定理可知，所有二重周期函数都必须有奇点.

例 1 （中国第 6 届大学生数学夏令营试题）设 f 为整函数，ω_1,ω_2 为比例不为实数的两个非零复数，且有常数 a,b 使得

$$f(z+\omega_1)=af(z),f(z+\omega_2)=bf(z),\forall z\in\mathbf{C}$$

证明：$f(z)=Ae^{Bz}$，其中 A,B 均为常数.

分析 显然，当 $ab=0$ 时，$f\equiv 0$. 此时可取 $A=0$（B 可任意），则结论即真.

当 $ab\neq 0$ 时，我们不妨从结论向前倒推，看看常数 A,B 应满足什么条件，有

$$f(z)=Ae^{Bz}\Leftrightarrow\frac{f(z)}{e^{Bz}}=A$$

因为 f 是整函数，所以 $\frac{f(z)}{e^{Bz}}$ 也是整函数. 由刘维尔定理，一个整函数等于常数的充要条件为其模在 $\mathbf{C}$ 上有界（此条件似乎比它为常数“弱”）.

由题设条件

$$f(z+\omega_1)=af(z),f(z+\omega_2)=bf(z)$$

及

$$\frac{\omega_1}{\omega_2}\notin\mathbf{R}$$

容易想到在下述意义下 f“几乎”为一个双周期函数

$f(z+m\omega_1+n\omega_2)=a^m b^n f(z),\forall z\in\mathbf{C},m,n\in\mathbf{Z}$
因此,若 $|a|=|b|=1$,则 $\sup\limits_{z\in\mathbf{C}}|f(z)|$ 即为 $|f(z)|$ 在一个平行四边形 $\bar{\Omega}=\{z\in\mathbf{C}\mid z=r\omega_1+s\omega_2,0\leqslant r\leqslant 1,0\leqslant s\leqslant 1\}$ 上的最大值,因而 $|f(z)|$ 在 $\mathbf{C}$ 上有界.反之,$|f(z)|$ 在 $\mathbf{C}$ 上有界,必须 $|a|=|b|=1$. 此时,$f(z)\equiv f(0),\forall z\in\mathbf{C}$,即相应于 $A=f(0),B=0$ 的情形.

一般而言,$|a|\neq 1,|b|\neq 1$. 我们要证明的结论比 $f(z)\equiv A$ 弱,然而又是它的一种推广.

由于 e^{Bz} 是指数函数,所以 $F(z)=\dfrac{f(z)}{e^{Bz}}$ 也"几乎"是一个双周期函数

$$F(z+m\omega_1+n\omega_2)=\frac{a^m b^n}{e^{Bm\omega_1}\cdot e^{Bm\omega_2}}F(z)$$

$$\forall z\in\mathbf{C},m,n\in\mathbf{Z}$$

由上面的分析可知,$F(z)\equiv A\Leftrightarrow|F(z)|$ 在 $\mathbf{C}$ 上有界 $\Leftrightarrow\left|\dfrac{a^m b^n}{e^{Bn\omega_1}e^{Bn\omega_2}}\right|=1,\forall m,n\in\mathbf{Z}\Leftrightarrow\left|\dfrac{a}{e^{B\omega_1}}\right|=\left|\dfrac{b}{e^{B\omega_2}}\right|=1$. 当最后的条件满足时,即有 $F(z)\equiv F(0)=f(0)$,$\forall z\in\mathbf{C}$,即 $f(z)=f(0)\cdot e^{Bz},\forall z\in\mathbf{C}$. 因此,可由(或者,应该由)$|e^{B\omega_1}|=|a|,|e^{B\omega_2}|=|b|$ 来确定常数 B.

证明　若 a,b 中至少有一个为 0,则显然 $f\equiv 0$. 取 $A=B=0$,结论即真.

现设 $ab\neq 0$,即 $a\neq 0,b\neq 0$,易证

$$f(z+m\omega_1)=a^m f(z)$$

$$f(z+n\omega_2)=b^n f(z)$$

$$\forall z\in\mathbf{C},m,n\in\mathbf{Z}$$

事实上,$m=1$ 时的第一个等式即为题设条件之一. 现设对于 $m\in\mathbf{N}$,有

$$f(z+m\omega_1)=a^m f(z),\forall z\in \mathbf{C}$$

则

$$\begin{aligned}f(z+(m+1)\omega_1)&=f(z+\omega_1+m\omega_1)\\&=a^m f(z+\omega_1)\\&=a^{m+1}f(z),\forall z\in \mathbf{C}\end{aligned}$$

因此第一个等式对于 $\forall z\in \mathbf{C},m\in \mathbf{N}$ 成立.

对任意固定的 $m\in \mathbf{N}$,令 $w=z+m\omega_1$,则有

$$z=w-m\omega_1$$

当 z 遍历 $\mathbf{C}$ 时,w 也遍历 $\mathbf{C}$. 因为

$$f(w)=f(z+m\omega_1)=a^m f(z)=a^m f(w-m\omega_1)$$

所以

$$f(w-m\omega_1)=a^{-m}f(w),\forall w\in \mathbf{C}$$

即第一个等式对于 $\forall z\in \mathbf{C},-m\in \mathbf{N}$ 成立.

而当 $m=0$ 时,第一个等式是平凡的

$$f(z)=f(z),\forall z\in \mathbf{C}$$

所以第一个等式对于 $\forall z\in \mathbf{C},\forall m\in \mathbf{Z}$ 成立.

同样可证明第二个等式.

从这两个等式容易得到

$$f(z+m\omega_1+n\omega_2)=a^m b^n f(z)$$
$$\forall z\in \mathbf{C},m,n\in \mathbf{Z}$$

事实上

$$f(z+m\omega_1+n\omega_2)=b^n f(z+m\omega_1)=a^m b^n f(z)$$
$$\forall z\in \mathbf{C},m,n\in \mathbf{Z}$$

记 $\omega_1=c+d\mathrm{i},\omega_2=p+q\mathrm{i},B=B_1+B_2\mathrm{i};c,d,p,q,B_1,B_2\in \mathbf{R}$. 令 $|\mathrm{e}^{B\omega_1}|=|a|,|\mathrm{e}^{B\omega_2}|=|b|$,这等价于方程组

$$\begin{cases}cB_1-dB_2=\ln|a|\\pB_1-qB_2=\ln|b|\end{cases}$$

其中 $\ln|a|$,$\ln|b|$ 取实值.

由于$\frac{\omega_1}{\omega_2} \notin \mathbf{R}$,所以行列式

$$D=\begin{vmatrix} c & -d \\ p & -q \end{vmatrix} \neq 0$$

因此上述线性方程组有唯一解

$$\begin{cases} B_1=\dfrac{d\ln|b|-q\ln|a|}{D} \\ B_2=\dfrac{c\ln|b|-p\ln|a|}{D} \end{cases}$$

即有唯一的常数 $B=B_1+B_2\mathrm{i}$,使

$$|\mathrm{e}^{B\omega_1}|=|a|, \quad |\mathrm{e}^{B\omega_2}|=|b|$$

令 $F(z)=\frac{f(z)}{\mathrm{e}^{Bz}}$,$\forall z\in\mathbf{C}$,$B$ 由上述确定. 由于 f 是整函数,所以 F 也是整函数,并且

$$\begin{aligned} |F(z+m\omega_1+n\omega_2)| &= \frac{|f(z+m\omega_1+n\omega_2)|}{|\mathrm{e}^{B(z+m\omega_1+n\omega_2)}|} \\ &= \frac{|a^m b^n f(z)|}{|\mathrm{e}^{Bm\omega_1}\cdot\mathrm{e}^{Bn\omega_2}\cdot\mathrm{e}^{Bz}|} \\ &= \left|\left(\frac{a}{\mathrm{e}^{B\omega_1}}\right)^m\right|\cdot\left|\left(\frac{b}{\mathrm{e}^{B\omega_2}}\right)^n\right|\cdot \\ &\quad \left|\frac{f(z)}{\mathrm{e}^{Bz}}\right| \\ &= \left|\frac{f(z)}{\mathrm{e}^{Bz}}\right|=|F(z)| \end{aligned}$$

$$\forall z\in\mathbf{C}, m,n\in\mathbf{Z}$$

令 $\Omega=\{z\in\mathbf{C} \mid z=r\omega_1+s\omega_2, 0\leqslant r<1, 0\leqslant s<1\}$,则 $\bar{\Omega}\subset\mathbf{C}$ 为有界闭集(平行四边形).

现证:对 $\forall z\in\mathbf{C}$,存在 $m,n\in\mathbf{Z}$ 及 $z'\in\Omega$,使得

$$z=z'+m\omega_1+n\omega_2$$

事实上，若记 $z=x+y\mathrm{i}, x, y\in\mathbf{R}$，令

$$C_1(z)=\frac{py-qx}{D}, C_2(z)=\frac{dx-cy}{D}$$

则有 $C_1(z)\in\mathbf{R}, C_2(z)\in\mathbf{R}, z=C_1(z)\omega_1+C_2(z)\omega_2$. 令 $m=[C_1(z)], n=[C_2(z)]$（$[u]$ 表示实数 u 的整数部分），$C'_1=C_1(z)-m, C'_2=C_2(z)-n, z'=z-m\omega_1-n\omega_2$，则 $m,n\in\mathbf{Z}, 0\leqslant C'_1<1, 0\leqslant C'_2<1, z'=C'_1w_1+C'_2w_2\in\Omega$. 因此 $z=z'+m\omega_1=n\omega_2$ 具有所述的性质. 显然，当 z 遍历 $\mathbf{C}$ 时，z' 遍历 Ω. 这样

$$|F(z)|=|F(z'+m\omega_1+n\omega_2)|=|F(z')|$$

所以

$$\begin{aligned}\sup_{z\in\mathbf{C}}|F(z)|&=\sup_{z'\in\Omega}|F(z')|\\&=\max_{z'\in\bar{\Omega}}|F(z')|<+\infty\end{aligned}$$

由刘维尔定理，整函数 $F(z)$ 恒等于一常数，所以 $F(z)\equiv F(0)=f(0), \forall z\in\mathbf{C}$. 取 $A=f(0)$，则有

$$f(z)=A\mathrm{e}^{Bz}, \forall z\in\mathbf{C}$$

1.2.5 椭圆函数

单值解析函数所有的奇点为极点与本性奇点. 只以极点为其奇点的二重周期函数称为椭圆函数，故椭圆函数即二重周期之有理函数. 椭圆函数在一个任意周期平行四边形内所有极点之个数（m 阶极点按 m 个极点计算）称为此椭圆函数之阶. 如一个椭圆函数 $f(u)$ 在 OA 边上有一个极点 u，则位于其相对边 BC 上之 $u+2\omega'$ 点亦为一个极点；但为计算 $OABC$ 平行四边形内所含极点之个数起见，此种极点则只按一个计算. 同理，如坐标原点为一个极点，则此周期平行四边形网之各顶点亦皆为 $f(u)$ 之极点，但亦只按一个计算.

椭圆函数的二重周期性与三角函数的单一周期性

同样重要. 兹于求定椭圆函数之始,先就解析函数的一般定理将其所应有的通性求之,因为由此通性就可以推求一切特殊椭圆函数.

但遇一椭圆函数沿其周期平行四边形周界的积分,而若此函数在此周界上有极点时,则恒可平移(不用旋转)此平行四边形的位置而使此函数不能再有极点于其上.

1.2.6　椭圆函数的通性

由以上解析函数的理论可得以下各基本定理:

(1) 一椭圆函数在其周期平行四边形内的极点个数为有限.

如此椭圆函数在其周期平行四边形内有无限个极点,则此极点将有一个极限点. 因此,极限点为本性奇点. 故由椭圆函数定义知,此函数不能为椭圆函数. 定理得证.

(2) 一椭圆函数在其周期平行四边形内的零点个数为有限.

如椭圆函数在其周期平行四边形内有无限个零点,则其倒置函数在此平行四边形内将有无限个极点,并将有一本性奇点. 但此倒置函数的本性奇点亦为其原函数的本性奇点. 故此函数不能为椭圆函数. 定理得证.

(3) 一椭圆函数对其周期平行四边形内各极点之留数的和为零.

设 $f(u)$ 为此椭圆函数,并设 $f(u)$ 在其周期平行四边形 $OABCO$ 的周界上无极点,则其对此周界内各极点之留数的和等于

$$\frac{1}{2\pi i}\int_{OABCO} f(u)\mathrm{d}u$$

但

$$\int_{OA} f(u)\mathrm{d}u = \int_{0}^{2\omega} f(u)\mathrm{d}u$$

$$\int_{BC} f(u)\mathrm{d}u = \int_{2\omega+2\omega'}^{2\omega'} f(u)\mathrm{d}u$$

而若在此沿 BC 的积分内以 $u+2\omega'$ 代 u，则得

$$\begin{aligned}\int_{BC} f(u)\mathrm{d}u &= \int_{2\omega}^{0} f(u+2\omega')\mathrm{d}u \\ &= \int_{2\omega}^{0} f(u)\mathrm{d}u \\ &= -\int_{OA} f(u)\mathrm{d}u\end{aligned}$$

故此两积分之和为零. 同理，可证明此沿 AB，CO 之两积分的和亦为零. 由此可见

$$\begin{aligned}\frac{1}{2\pi i}\int_{OABCO} f(u)\mathrm{d}u &= \frac{1}{2\pi i}\left[\int_{OA} f(u)\mathrm{d}u + \int_{AB} f(u)\mathrm{d}u + \right. \\ &\quad \left.\int_{BC} f(u)\mathrm{d}u + \int_{CO} f(u)\mathrm{d}u\right] \\ &= 0\end{aligned}$$

定理得证.

此定理就图 5 来看极为明显，因为在此周界之两个相对边的两个相当点上 $f(u)$ 之值相等而 $\mathrm{d}u$ 之值则有相反的符号.

(4) 一椭圆函数的阶不能小于 2.

因若此椭圆函数的阶为 1，则此函数在其周期平行四边形内将只有一个单一极点，因而其留数将不能

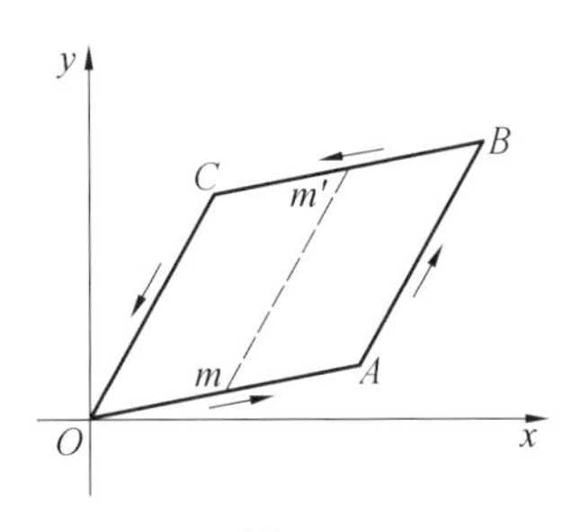

图 5

为零. 故椭圆函数之阶至少等于 2,而最简单的椭圆函数为:

① 只有一个二阶极点而其留数为零的椭圆函数,称为魏尔斯特拉斯函数.

② 只有两个一阶极点而其留数之和为零的椭圆函数,称为雅可比函数.

稍后即将证明:所有椭圆函数都可用此两种函数来表示.

注　不能有一阶椭圆函数.

因在此种情形中此函数只有一个一阶极点 a,而其在此极点邻近之展开为

$$f(u)=\frac{A}{u-a}+B_0+B_1(u-a)+\cdots$$

A 为其对于极点 a 的留数. 但由定理(3) 知,A 需为零,因而 a 不能为极点.

(5) 一椭圆函数在其周期平行四边形内所有零点的个数等于此函数的阶(m 次零点按 m 个零点计算).

设 $f(u)$ 为此椭圆函数,则 $f(u)$ 与其导数 $f'(u)$ 之商

$$\frac{f'(u)}{f(u)}=\varphi(u)$$

亦为椭圆函数,而 $\varphi(u)$ 在一平行四边形内之留数的和等于 $f(u)$ 之零点个数减去其极点个数. 再根据定理 (3) 即证明此定理.

在一般情形中,此方程 $f(u)=C$ 在一个周期平行四边形内的根数等于此函数的阶,因为无论常数 C 如何,此函数 $f(u)-C$ 与 $f(u)$ 都有相同极点.

(6) 一椭圆函数在其周期平行四边形内所有零点之值的和与其极点之值的和之差等于一周期.

设 $f(u)$ 为此椭圆函数,则沿 $OABCO$ 周界之积分

$$\frac{1}{2\pi \mathrm{i}}\int u\,\frac{f'(u)}{f(u)}\mathrm{d}u$$

等于 $f(u)$ 在此周界内所有零点之值的和减去其极点之值的和. 兹将此积分沿两个相对边 OA, BC 之值

$$\int_0^{2\omega} u\,\frac{f'(u)}{f(u)}\mathrm{d}u+\int_{2\omega+2\omega'}^{2\omega'} u\,\frac{f'(u)}{f(u)}\mathrm{d}u$$

求之. 在沿 BC 边的积分内以 $u+2\omega'$ 代 u,则得此两个积分之和

$$\int_0^{2\omega} u\,\frac{f'(u)}{f(u)}\mathrm{d}u+\int_{2\omega}^{0}(u+2\omega')\,\frac{f'(u+2\omega')}{f(u+2\omega')}\mathrm{d}u$$

或

$$-\int_0^{2\omega} 2\omega'\,\frac{f'(u)}{f(u)}\mathrm{d}u$$

因当 u 沿 OA 边变化时,此积分

$$\int_0^{2\omega}\frac{f'(u)}{f(u)}\mathrm{d}u$$

等于 $\log[f(u)]$ 的变化,而仍归其初值,故 $\log[f(u)]$ 的变化等于 $-2m_2\pi\mathrm{i}$,其中 m_2 为一个整数. 因而沿两相对边 OA 与 BC 之积分的值等于

$$\frac{4m_2\pi i\omega'}{2\pi i}=2m_2\omega'$$

同理，此沿其他两相对边 AB 与 CO 之积分的值等于 $2m_1\omega$，其中 m_1 亦为整数.

因此，此椭圆函数在其周期平行四边形内所有零点之值的和与其所有极点之值的和之差等于 $2m_1\omega+2m_2\omega$，换言之，即等于一个周期.

用定理(5) 的证法亦可证明此定理能适用于此方程 $f(u)=C$.

(7) 当给定一椭圆函数在一周期平行四边形内之所有零点与极点及此零点与极点之阶数时，则除一常因数外，此椭圆函数可完全确定；当给定一椭圆函数在一周期平行四边形内之所有极点及其在此各极点邻近展开之主要部分时，则除一增加常数外，此椭圆函数亦可完全确定.

如此两个椭圆函数 $f(u)$ 与 $\varphi(u)$ 适合所设条件，则在第一种情形中 $\frac{f(u)}{\varphi(u)}$ 与在第二种情形中 $f(u)-\varphi(u)$ 都是在周期平行四边形内无极点的函数. 因此，皆需为一个常数. 定理得证.

(8) 有相同周期的两个任意椭圆函数有一代数关系.

设 $f(u),\varphi(u)$ 为有相同周期 $2\omega,2\omega'$ 之两个椭圆函数；$a_1,a_2,\cdots,a_m$ 为此两椭圆函数在一周期平行四边形内共有与分别有的极点；μ_i 为此 a_i 点对此两个函数的最高次数；$\mu_1+\mu_2+\cdots+\mu_m=N$；并设 $F(x,y)$ 为有一个定系数的 n 次多项式. 如在此多项式内，以 $f(u),f_1(u)$ 分别代 x,y，则所得结果 $\Phi(u)$ 为只以 $a_1,a_2,\cdots,a_m$ 诸点及其各自增加一周期之 $a_1+2\omega,a_2+$

$2\omega,\cdots,a_m+2\omega$ 诸点为极点的椭圆函数. 如欲将此函数 $\Phi(u)$ 化为常数,则只需其在 $a_1,a_2,\cdots,a_m$ 诸点邻近展开的主要部分全归零. 但极点 a_i 对于 $\Phi(u)$ 的次数最大等于 $n\mu_i$. 故若令此各主要部分皆为零,则此多项式 $F(x,y)$ 的$\dfrac{n(n+3)}{2}$ 个系数至多可有

$$n(\mu_1+\mu_2+\cdots+\mu_m)=Nn$$

个不含常数项的线性齐次方程. 如 n 适合

$$n(n+3)>2Nn \text{ 或 } n+3>2N$$

即得一组线性齐次方程,其未知数的个数多于此方程的个数. 这样的函数恒有一组不全为零之解. 如 $F(x,y)$ 为由此方程所得的多项式,则这两个椭圆函数 $f(u)$, $\varphi(u)$ 适合此代数关系

$$F[f(u),\varphi(u)]=C$$

其中 C 为一常数,定理得证.

(9) 各半周期皆为一任意奇椭圆函数之奇阶零点或奇阶极点.

如一单值解析函数 $f(u)$ 适合 $f(-u)=f(u)$ 之关系,则此函数称为偶函数;如一单值解析函数 $f(u)$ 适合 $f(-u)=-f(u)$ 之关系,则此函数称为奇函数. 偶函数的导数为奇函数,而奇函数的导数为偶函数.

设 $f(u)$ 为奇椭圆函数. 如以 w 为半周期代入,则同时可有

$$f(w)=-f(-w),f(w)=f(-w)$$

如此,则 $f(w)$ 不为零,即为无限. 换言之,即 w 不为 $f(u)$ 的零点,即为 $f(u)$ 的极点. 但此零点或此极点之阶需为奇数,因若 w 为 $f(u)$ 之 $2n$ 阶零点,则其 $2n$ 阶导数 $f^{(2n)}(u)$ 当 $u=w$ 时将为正则,且不等于零. 如 w 为

$f(u)$ 之偶阶极点，则 w 将为 $\frac{1}{f(u)}$ 之偶阶零点，定理得证.

(10) 如偶椭圆函数以半周期为极点或零点，则此极点或零点之阶为偶数.

设 w 为偶椭圆函数 $f(u)$ 之 $2n+1$ 阶零点，则 w 将为其导数 $f'(u)$ 之偶阶零点；但 $f'(u)$ 为奇椭圆函数，故由定理(9)知，w 不能为 $f(u)$ 之奇阶零点.

同理可证明，w 不能为 $f(u)$ 之奇阶极点.

1.3　魏尔斯特拉斯椭圆函数

1.3.1　函数 $p(u)$

根据椭圆函数之通性，我们现在用米塔－莱夫勒定理将魏尔斯特拉斯椭圆函数 $p(u)$ 求之. 此函数在其周期平行四边形内只有一个二阶极点；因与其相关之留数必须为零，故其主要部分应为以下形状

$$\frac{A}{(u-a)^2}$$

其中，a 为此椭圆函数的极点，A 为一个任意常数. 为简化起见，兹设 $A=1, a=0$. 因之，此周期平行四边形网的各顶点 $2w=2m\omega+2m'\omega'$ 皆为此椭圆函数的极点，并且需要解决下列问题：

以 $2w=2m\omega+2m'\omega'$ 各值为二阶极点，并以 $\frac{1}{(u-2w)^2}$ 为其在 $u=2w$ 点邻近展开的主要部分求作一椭圆函数.

将 $\frac{1}{(u-2w)^2}$ 写为

$$\frac{1}{(u-2w)^2}=\frac{(2w)^2}{(2w)^2(u-2w)^2}$$
$$=\frac{(2w)^2-2(2w)u+u^2+2(2w)u-u^2}{(2w)^2(u-2w)^2}$$
$$=\frac{1}{(2w)^2}+\frac{2(2w)u-u^2}{(2w)^2(u-2w)^2}$$
$$=\frac{1}{(2w)^2}+\frac{2(2w)u-u^2}{(2w)^4\left(1-\frac{u}{2w}\right)^2}$$

而求下列二重级数在以原点为心，以 $R=|2w|$ 为半径之 C 圆内之和

$$\sum_C{}'\left[\frac{1}{(u-2w)^2}-\frac{1}{(2w)^2}\right]$$
$$=\sum_C{}'\frac{2(2w)u-u^2}{(2w)^4\left(1-\frac{u}{2w}\right)^2}$$
$$=2u\sum_C{}'\frac{1}{(2w)^3}-u^2\sum_C{}'\frac{1}{(2w)^4}+\cdots$$

其中，$\sum'$ 包含 m 与 m' 所能取之一切整数，但 $m=0$，$m'=0$ 除外，则知其为一致与绝对收敛. 因此，此级数

$$\varphi(u)=\frac{1}{u^2}+\sum{}'\left[\frac{1}{(u-2w)^2}-\frac{1}{4w^2}\right]$$

代表一个有理函数，且与所求之椭圆函数有相同极点及相同主要部分.

兹证明此函数 $\varphi(u)$ 尚以 $2\omega,2\omega'$ 为其周期. 在此式内以 $u+2\omega$ 代 u，即得

$$\varphi(u+2\omega)=\frac{1}{(u+2\omega)^2}+\sum{}'\left[\frac{1}{(u+2\omega-2w)^2}-\frac{1}{4w^2}\right]$$

将 $\sum'$ 内与 $m=1,m'=0$ 相当之一项

$$\frac{1}{(u+2\omega-2w)^2}=\frac{1}{u^2}$$

移至 $\sum'$ 外，而将其与 $m=1, m'=0$ 相当之一项

$$\frac{1}{(u+2\omega)^2}$$

移至 $\sum'$ 内，则得

$$\varphi(u+2\omega)=\frac{1}{u^2}+\sum{}'\left[\frac{1}{(u-2w)^2}-\frac{1}{4w^2}\right]=\varphi(u)$$

由此可见，$\varphi(u)$ 以 2ω 为周期.

同理可证明，$\varphi(u)$ 亦以 $2\omega'$ 为周期.

此函数 $\varphi(u)$ 即以 $u=2w$ 为二阶极点，以 $\frac{1}{(u-2w)^2}$ 为其在此点邻近之主要部分，以 $2\omega, 2\omega'$ 为其两个周期，故 $\varphi(u)$ 即所求之魏尔斯特拉斯椭圆函数 $p(u)$

$$p(u)=\frac{1}{u^2}+\sum{}'\left[\frac{1}{(u-2w)^2}-\frac{1}{4w^2}\right] \tag{3}$$

若令 $u=0$，则 $p(u)-\frac{1}{u^2}$ 之差为零. 因此，此函数 $p(u)$ 有以下三种性质：

(1) $p(u)$ 为只以 $u=2w$ 各值为极点之二重周期函数；

(2) $p(u)$ 在原点邻近之主要部分为 $\frac{1}{u^2}$；

(3) $p(u)-\frac{1}{u^2}$ 之差当 $u=0$ 时为零.

此三种性质为 $p(u)$ 所独具. 有前两种性质的任意解析函数 $f(u)$ 与 $p(u)$ 之差只是一个常数，因为此差是无极点的二重周期函数. 如果再当 $u=0$ 时，$f(u)-\frac{1}{u^2}=0$，则 $f(u)-p(u)$ 亦当 $u=0$ 时为零，故

$$f(u)=p(u)$$

在式(3)内以 $-u$ 代 u，其结果不变，故 $p(u)$ 为偶函数.

1.3.2 $p(u)$ 在原点邻近之展开

以原点为心，以 $p(u)$ 之最小模的周期之模 δ 为半径作一圆 C(图6)，则 $p(u)-\frac{1}{u^2}$ 在此圆内为正则，且可展为 u 的正幂级数. 将级数(3)之通项展为 u 之幂级数，即得

$$\frac{1}{(u-2w)^2}-\frac{1}{4w^2}=\frac{2u}{(2w)^3}+\frac{3u^2}{(2w)^4}+\cdots+\frac{(n+1)u^n}{(2w)^{n+2}}+\cdots$$

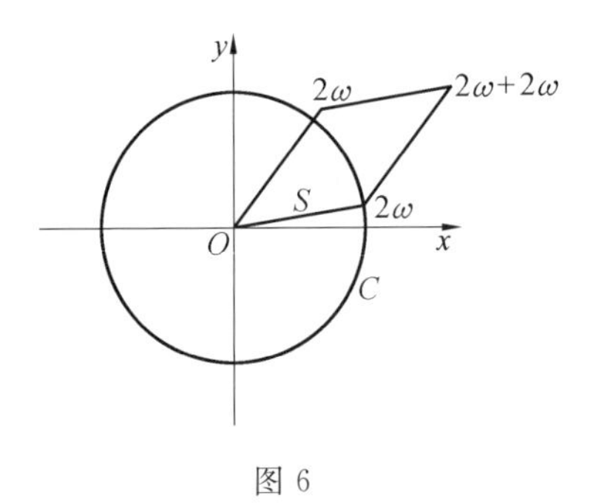

图 6

此级数在以 $\frac{\delta}{2}$ 为半径之圆内以

$$\frac{5}{16\mid w\mid^3}\frac{u}{1-\frac{u}{\mid w\mid}}$$

为优函数，而若以 $1-\frac{2u}{\delta}$ 代 $1-\frac{u}{\mid w\mid}$，则所得之式亦为此级数之优函数. 因 $\sum'\frac{1}{\mid w\mid^3}$ 为收敛级数，故可将以上级数逐项相加. 但 u 之奇数幂各项之系数皆为零，故

$p(u)$ 的展开式可写为

$$p(u)=\frac{1}{u^2}+c_2u^2+c_3u^4+\cdots+c_\lambda u^{2\lambda-2}+\cdots \quad (4)$$

其中

$$\begin{cases} c_2=3\sum{}'\dfrac{1}{(2w)^4} \\ c_3=5\sum{}'\dfrac{1}{(2w)^6} \\ \quad\vdots \\ c_\lambda=(2\lambda-1)\sum{}'\dfrac{1}{(2w)^{2\lambda}} \\ \quad\vdots \end{cases} \quad (5)$$

式(3) 可适用于全平面，而式(4) 则只可适用于以原点为心并经过周期平行四边形网的最近顶点之圆 C 内.

1.3.3　$p(u)$ 之导数

$p(u)$ 之导数 $p'(u)$ 为以 $2w$ 各点为三阶极点之有理函数，其在全平面中可适用之式为

$$p'(u)=-\frac{2}{u^3}-2\sum{}'\frac{1}{(u-2w)^3} \quad (6)$$

其在此圆 C 内可适用之展开式为

$$p'(u)=-\frac{2}{u^3}+2c_2u+4c_3u^3+\cdots \quad (7)$$

在一般情形中，$p(u)$ 之 n 阶导数

$$p^{(n)}(u)=(-1)^n\frac{(n+1)!}{u^{n+2}}+ (-1)^n(n+1)!\sum{}'\frac{1}{(u-2w)^{n+2}}$$

为以 $2w$ 各点为 $n+2$ 阶极点之有理函数.

$p'(u)$ 为奇函数，且与 $p(u)$ 有相同周期. 因为在

式(6)中如以 $-u$ 代 u,则得

$$p'(-u)=-p'(u)$$

如以 $u+2\omega$ 或 $u+2\omega'$ 代 u,则得

$$p'(u+2\omega)=p'(u)$$

或

$$p'(u+2\omega')=p'(u)$$

同理可证明 $p^{(n)}(u)$ 亦与 $p(u)$ 有相同周期. 故 $p(u)$ 的各阶导数

$$p'(u),p''(u),\cdots,p^{(n)}(u)$$

亦皆为以 $2\omega,2\omega'$ 为周期的椭圆函数.

1.3.4 $p(u)$ 与 $p'(u)$ 之代数关系

$p(u)$ 与 $p'(u)$ 既为有相同周期的椭圆函数,故此两个函数有一代数关系. 兹将其求之如下:

由 $p(u)$ 与 $p'(u)$ 在原点邻近之展开式,得

$$p^3(u)=\frac{1}{u^6}+\frac{3c_2}{u^2}+3c_3+\cdots$$

$$p'^2(u)=\frac{4}{u^6}-\frac{8c_2}{u^2}-16c_3+\cdots$$

其中未给出的各项当 $u=0$ 时皆为零. 故

$$p'^2(u)-4p^3(u)$$

之差以原点为二阶极点,且在原点邻近有以下的展开式

$$p'^2(u)-4p^3(u)=-\frac{20c_2}{u^2}-28c_3+\cdots$$

其中未给出的各项当 $u=0$ 时皆为零.

因此,椭圆函数 $-20c_2p(u)-28c_3$ 与椭圆函数 $p'^2(u)-4p^3(u)$ 有相同极点及相同主要部分,故此两个函数之差在周期平行四边形内不能有极点而必为常数. 但其差当 $u=0$ 时为零,故得公式如下

$$p'^2(u) = 4p^3(u) - g_2 p(u) - g_3 \tag{8}$$

其中

$$\begin{cases} g_2 = 20c_2 = 60\sum{}'\left(\dfrac{1}{2w}\right)^4 \\ g_3 = 28c_3 = 140\sum{}'\left(\dfrac{1}{2w}\right)^6 \end{cases} \tag{9}$$

公式(8) 为椭圆函数论中的基本关系,其两系数 g_2,g_3 称为不变量.

式(4) 之各系数 c_λ 皆可作为不变量 g_2,g_3 之多项式. 求式(8) 的导数并以 $2p'(u)$ 除其结果,则得公式如下

$$p''(u) = 6p'(u) - \frac{g_2}{2} \tag{10}$$

因 $p''(u)$ 在原点邻近有以下的展开式

$$p''(u) = \frac{6}{u^4} + 2c_2 + 12c_3u^2 + \cdots + (2\lambda - 2)(2\lambda - 3)c_\lambda u^{2\lambda-4} + \cdots$$

故若在式(10) 中以 $p(u)$,$p''(u)$ 之各展开式代入而等其两端各项的系数,则得一循环公式

$$c_\lambda = \frac{3}{(2\lambda + 1)(\lambda - 3)}\sum_v c_v c_{\lambda-v}, v = 2, 3, \cdots, \lambda - 2$$

由此公式即可逐步将各系数 c_λ 作为 c_2 与 c_3 的函数,换言之,即作为 g_2 与 g_3 的多项式. 由此,可得

$$c_4 = \frac{g_2^2}{2^4 \times 3 \times 5^2}, c_5 = \frac{3g_2g_3}{2^4 \times 5 \times 7 \times 11}, \cdots$$

但 c_λ 为 $2w = 2m\omega + 2m'\omega'$ 自乘 2λ 次之倒数的和($m = 0$,$m' = 0$ 之值除外) 而乘以常数 $2\lambda - 1$,故 $\sum{}' \frac{1}{(2w)^{2\lambda}}$ 亦可作为 g_2 与 g_3 的多项式.

$p'(u)$ 为三阶椭圆函数,故其在每一周期平行四

边形内有三个零点. $p'(u)$ 为奇函数,而 $u=0$ 为其三阶极点,故其三个零点为三个半周期

$$u=\omega, u=\omega', u=\omega''=\omega+\omega'$$

因此,由式(8) 可知,方程

$$4p^3(u)-g_2p(u)-g_3=0$$

之根为 $p(u)$ 对于 $u=\omega, u=\omega', u=\omega''$ 之值. 此三个根常用 e_1, e_2, e_3 表示,即

$$e_1=p(\omega), e_2=p(\omega'), e_3=p(\omega'')$$

此三个根互相不等,因为若有两根相等,例如,$e_1=e_2$,则此方程 $p(u)=e_1$ 在周期平行四边形 $OABC$ 内将有两个二重根 ω 与 ω'. 但是 $p(u)$ 为二阶椭圆函数,故此乃不可能的情形. 因此

$$\begin{aligned}&4p^3(u)-g_2p(u)-g_3\\&=4[p(u)-e_1][p(u)-e_2][p(u)-e_3]\end{aligned}$$

而不变量 g_2, g_3 与根 e_1, e_2, e_3 的关系为

$$e_1+e_2+e_3=0$$

$$e_1e_2+e_1e_3+e_2e_3=-\frac{g_2}{4}$$

$$e_1e_2e_3=\frac{g_3}{4}$$

且应适合

$$\frac{g_2^3-27g_3^2}{16}=(e_2-e_3)^2(e_3-e_1)^2(e_1-e_2)^2\neq 0$$

注 设有一微分方程

$$\left(\frac{\mathrm{d}y}{\mathrm{d}u}\right)^2=4y^3-g_2y-g_3$$

则其通解为

$$y=p(u+\alpha)$$

其中 α 为积分常数. 此椭圆函数 $p(u+\alpha)$ 的周期可由

式(9)决定.

1.3.5 函数 $\zeta(u)$

如求函数 $p(u)-\frac{1}{u^2}$ 沿一由原点至点 u 而不经过其极点的任意路线之积分,则得

$$\int_0^u\left[p(u)-\frac{1}{u^2}\right]\mathrm{d}u$$

$$=-\sum{}'\left[\frac{1}{u-2w}+\frac{1}{2w}+\frac{u}{(2w)^2}\right]$$

此式右端之级数所表达的函数为 $u=2w$ 各点($u=0$ 除外)为一阶极点的有理函数.变更其符号而加以 $\frac{1}{u}$,则所得结果根据魏尔斯特拉斯的命名称为函数 $\zeta(u)$.

$$\zeta(u)=\frac{1}{u}+\sum{}'\left[\frac{1}{u-2w}+\frac{1}{2w}+\frac{u}{(2w)^2}\right]\tag{11}$$

因此,以上关系可写为

$$\int_0^u\left[p(u)-\frac{1}{u^2}\right]\mathrm{d}u=-\zeta(u)+\frac{1}{u}\tag{12}$$

求其两端的导数,则得 $p(u)$ 与 $\zeta(u)$ 的关系

$$\zeta'(u)=-p(u)\tag{13}$$

$\zeta(u)$ 为奇函数,且在原点邻近有以下的展开式

$$\zeta(u)=\frac{1}{u}-\frac{c_2}{3}u^3-\frac{c_3}{5}u^5-\cdots\tag{14}$$

$\zeta(u)$ 不能以 2ω 与 $2\omega'$ 为其周期;若然,则 $\zeta(u)$ 在一个周期平行四边形内将只有一个一阶极点.但因 $\zeta(u+2w)$ 与 $\zeta(u)$ 有相同导数 $-p(u)$,故此两个函数之差为一常数;因之,当 u 增加 $p(u)$ 的一个周期时,$\zeta(u)$ 即增加一个常数.设 2η 为 u 增加 2ω 时 $\zeta(u)$ 所增

加的常数，$2\eta'$ 为 u 增加 $2\omega'$ 时 $\zeta(u)$ 所增加的常数，则得

$$\begin{cases}\zeta(u+2\omega)=\zeta(u)+2\eta\\ \zeta(u+2\omega')=\zeta(u)+2\eta'\end{cases}\tag{15}$$

在此两式中分别令 $u=-\omega$ 与 $u=-\omega'$，即得

$$\eta=\zeta(\omega),\eta'=\zeta(\omega')\tag{16}$$

1.3.6　η 与 η' 之关系

η 与 η' 有一简单关系，称为勒让德关系

$$\omega'\eta-\omega\eta'=\frac{1}{2}\pi\mathrm{i}\tag{17}$$

兹将其证明如下：

设有一以 $u,u_0+2\omega,u_0+2\omega+2\omega',u_0+2\omega'$ 为顶点的平行四边形，并设 $\zeta(u)$ 的极点不在其周界上，而 $\frac{\omega'}{\omega}$ 的虚部中 i 之系数为正数，则 $\zeta(u)$ 在此平行四边形内只有一个以 1 为留数的一阶极点（图 7 所示，平行四边形内的极点为 $2\omega''=2\omega+2\omega'$）. 在图 7 中所示的方向，求 $\int\zeta(u)\mathrm{d}u$ 沿此周界之积分，则得

$$\int_{u_0}^{u_0+2\omega}\zeta(u)\mathrm{d}u+\int_{u_0+2\omega}^{u_0+2\omega+2\omega'}\zeta(u)\mathrm{d}u+$$
$$\int_{u_0+2\omega+2\omega'}^{u_0+2\omega'}\zeta(u)\mathrm{d}u+\int_{u_0+2\omega'}^{u_0}\zeta(u)\mathrm{d}u=2\pi\mathrm{i}$$

但

$$\int_{u_0}^{u_0+2\omega}\zeta(u)\mathrm{d}u+\int_{u_0+2\omega+2\omega'}^{u_0+2\omega'}\zeta(u)\mathrm{d}u$$

$$=\int_{u_0}^{u_0+2\omega}\zeta(u)\mathrm{d}u+\int_{u_0+2\omega}^{u_0}\zeta(u+2\omega')\mathrm{d}u$$

$$=\int_{u_0}^{u_0+2\omega}[\zeta(u)-\zeta(u+2\omega')]\mathrm{d}u$$

$$=-4\omega\eta'$$

而

$$\int_{u_0+2\omega}^{u_0+2\omega+2\omega'}\zeta(u)\mathrm{d}u+\int_{u_0+2\omega'}^{u_0}\zeta(u)\mathrm{d}u$$

$$=\int_{u_0}^{u_0+2\omega'}\zeta(u+2\omega)\mathrm{d}u+\int_{u_0+2\omega'}^{u_0}\zeta(u)\mathrm{d}u$$

$$=\int_{u_0}^{u_0+2\omega'}[\zeta(u+2\omega)-\zeta(u)]\mathrm{d}u$$

$$=4\omega'\eta$$

故有

$$4\omega'\eta-4\omega\eta'=2\pi\mathrm{i}$$

上式得证.

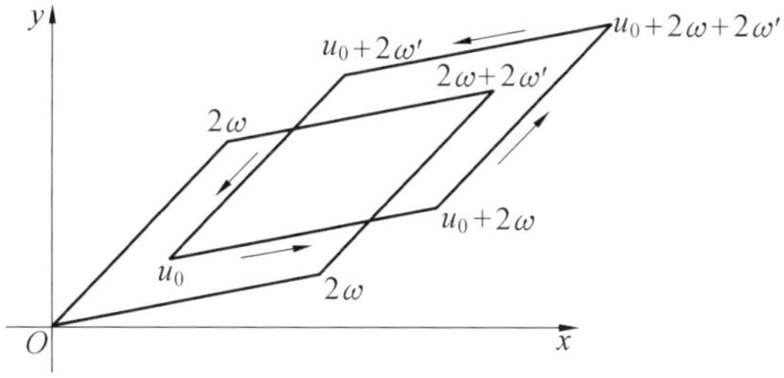

图 7

1.3.7　函数 $\sigma(u)$

若求函数 $\zeta(u)-\dfrac{1}{u}$ 沿一由原点至点 u 而不经过其极点的任意路线之积分,则得

$$\int_0^u \left[\zeta(u)-\frac{1}{u}\right]\mathrm{d}u=\sum{}'\left[\log\left(1-\frac{u}{2w}\right)+\frac{u}{2w}+\frac{u^2}{8w^2}\right]$$

以 $2w=2m\omega+2m'\omega'$ 各点为一阶零点的整函数

$$u\mathrm{e}^{\int_0^u[\zeta(u)-\frac{1}{u}]\mathrm{d}u}=u\prod{}'\left(1-\frac{u}{2w}\right)\mathrm{e}^{\frac{u}{2w}+\frac{u^2}{8w^2}}$$

根据魏尔斯特拉斯命名，称为函数 $\sigma(u)$，即

$$\sigma(u)=u\prod{}'\left(1-\frac{u}{2w}\right)\mathrm{e}^{\frac{u}{2w}+\frac{u^2}{8w^2}} \tag{18}$$

或

$$\sigma(u)=u\mathrm{e}^{\int_0^u[\zeta(u)-\frac{1}{u}]\mathrm{d}u} \tag{18'}$$

其中 $\prod'$ 不包含 $m=0, m'=0$. 求此式两端的对数导数，则得 $\sigma(u)$ 与 $\zeta(u)$ 的关系

$$\frac{\sigma'(u)}{\sigma(u)}=\frac{1}{u}+\zeta(u)-\frac{1}{u}=\zeta(u) \tag{19}$$

由式(18)和式(18′)可知，$\sigma(u)$ 为奇函数. 因 $\sigma(u)$ 为整函数，故 $\sigma(u)$ 不能有两个周期. 但当 u 增加 $p(u)$ 的一个周期时，$\sigma(u)$ 将乘以指数因式，兹证之如下：

求式(15)之第一式的积分，得

$$\log\sigma(u+2\omega)=\log\sigma(u)+2\eta u+\log C$$

或

$$\sigma(u+2\omega)=C\mathrm{e}^{2\eta u}\sigma(u)$$

其中 C 为一个积分常数. 令 $u=-\omega$，并注意 $\sigma(u)$ 为奇函数，即得此常数 C 之值

$$\sigma(\omega)=C\mathrm{e}^{-2\eta\omega}\sigma(-\omega)=-C\mathrm{e}^{-2\eta\omega}\sigma(\omega)$$

因此

$$C=-\mathrm{e}^{2\eta\omega}$$

而得

$$\sigma(u+2\omega)=-e^{2\eta(u+\omega)}\sigma(u) \tag{20}$$

同理,可得

$$\sigma(u+2\omega')=-e^{2\eta'(u+\omega')}\sigma(u) \tag{21}$$

1.3.8　$\sigma(u)$ 之展开式

因

$$\int_0^u\left[\zeta(u)-\frac{1}{u}\right]\mathrm{d}u=-\frac{c_2}{3\times 4}u^4-\frac{c_3}{5\times 6}u^6-\cdots-\frac{c_\lambda}{2\lambda(2\lambda-1)}u^{2\lambda}-\cdots$$

故

$$\sigma(u)=u\mathrm{e}^{-\frac{c_2}{3\times 4}u^4-\frac{c_3}{5\times 6}u^6-\cdots}$$

将此式展开并将其系数换为 g_2 与 g_3 的多项式,得

$$\sigma(u)=u-\frac{g_2u^5}{2^4\times 3\times 5}-\frac{g_3u^7}{2^3\times 3\times 5\times 7}-\frac{g_2^2u^9}{2^9\times 3^2\times 5\times 7}-\frac{g_2g_3u^{11}}{2^7\times 3^2\times 5^2\times 7\times 11}-\cdots \tag{22}$$

此式不含 u^3 的项,且可适用于全平面中,而不像 $p(u)$ 与 $\zeta(u)$ 的展开式只可适用于 u 平面的一部分.

提要　魏尔斯特拉斯的三个函数 $p(u)$,$\zeta(u)$,$\sigma(u)$ 为椭圆函数论中的基本元素. $\zeta(u)$ 与 $\sigma(u)$ 虽非椭圆函数,然此椭圆函数 $p(u)$ 以及其他椭圆函数,由于

$$\zeta(u)=\frac{\sigma'(u)}{\sigma(u)},p(u)=-\zeta'(u)$$

之关系,则均可用此两函数表示. 如在(3),(11),(18)诸公式中以 λu,$\lambda\omega$,$\lambda\omega'$ 分别代 u,ω,ω',即得

$$\begin{cases} p(\lambda u,\lambda\omega,\lambda\omega')=\dfrac{1}{\lambda^2}p(u,\omega,\omega') \\ \zeta(\lambda u,\lambda\omega,\lambda\omega')=\dfrac{1}{\lambda}\zeta(u,\omega,\omega') \\ \sigma(\lambda u,\lambda\omega,\lambda\omega')=\lambda\sigma(u,\omega,\omega') \end{cases} \tag{23}$$

由此可见，p,ζ,σ 分别为 u,ω,ω' 的 $-2,-1,1$ 阶的齐次函数.

1.3.9 椭圆函数的通式

所有椭圆函数皆可用 $\sigma(u)$ 表示，亦可用 $\zeta(u)$ 与其导数 $\zeta'(u)$ 表示，而亦可用 $p(u)$ 与其导数 $p'(u)$ 表示. 兹分别述之如下：

(1) 椭圆函数 $f(u)$ 用 $\sigma(u)$ 的表示 —— 设 a_1，$a_2,\cdots,a_n$ 为此椭圆函数 $f(u)$ 在一周期平行四边形内的零点，$b_1,b_2,\cdots,b_n$ 为 $f(u)$ 在此平行四边形内的极点（m 阶零点与 m 阶极点都按 m 个计算），则由椭圆函数之通性可得

$$a_1+a_2+\cdots+a_n=b_1+b_2+\cdots+b_n+2\Omega \tag{24}$$

其中 2Ω 为一个周期.

设有一个函数

$$\varphi(u)=\frac{\sigma(u-a_1)\sigma(u-a_2)\cdots\sigma(u-a_n)}{\sigma(u-b_1)\sigma(u-b_2)\cdots\sigma(u-b_n-2\Omega)}$$

则此函数与 $f(u)$ 有相同零点及相同极点，因为此因式 $\sigma(u-a_i)$ 的零点只为 $u=a_i$ 及只与 a_i 相差一个周期的各值 u. 此函数 $\varphi(u)$ 亦为二重周期函数，因若以 $u+2\omega$ 代 u，则由式(20) 得知

$$\varphi(u+2\omega)=\frac{(-1)^n e^{2\eta(nu+n\omega-a_1-a_2-\cdots-a_n)}}{(-1)^n e^{2\eta(nu+n\omega-b_1-b_2-\cdots-b_n-2\Omega)}}\varphi(u)$$

但由以上假设(24)，此两个因式为相等，故得

$$\varphi(u+2\omega)=\varphi(u)$$

同理,可得

$$\varphi(u+2\omega')=\varphi(u)$$

因此,$f(u)$ 与 $\varphi(u)$ 之商 $\dfrac{f(u)}{\varphi(u)}$ 为无极点的二重周期函数,换言之,即为一常数,故得

$$f(u)=C\frac{\sigma(u-a_1)\sigma(u-a_2)\cdots\sigma(u-a_n)}{\sigma(u-b_1)\sigma(u-b_2)\cdots\sigma(u-b_n-2\Omega)} \tag{25}$$

如欲确定常数 C,可令 u 等于不为零点与极点的一 u 值.此公式与有理函数的分子和分母作为一次因式乘积之商相类似.

就一般情形言之,当知一个椭圆函数 $f(u)$ 的零点与极点而欲用 $\sigma(u)$ 表示时,即可选取 n 个零点

$$a_1',a_2',\cdots,a_n'$$

及 n 个极点

$$b_1',b_2',\cdots,b_n'$$

适合以下关系:

① $\sum a_i'=\sum b_i'$;

② 在此 a_i 各值上增加一个周期即得 $f(u)$ 的各零点,而在此 b_i 各值上增加一个周期即得 $f(u)$ 的各极点.

因此,此零点与此极点可不必尽在一个周期平行四边形内,但需要其适合这两个条件.

(2) 椭圆函数 $f(u)$ 用 $\zeta(u)$ 与 $\zeta'(u)$ 的表示——设已知函数 $f(u)$ 的 k 个极点 $a_1,a_2,\cdots,a_k$,并设此函数的其他各极点由此极点中的一个增加一个周期就能得到.例如,选取同一平行四边形内的各极点当然适合此种情况,但此并非必须的.设

$$\frac{A_1^{(i)}}{u-a_i}+\frac{A_2^{(i)}}{(u-a_i)^2}+\cdots+\frac{A_{n_i}^{(i)}}{(u-a_i)^{n_i}}$$

为 $f(u)$ 在点 a_i 邻近的主要部分，则

$$f(u)-\sum_{i=1}^{k}[A_1^{(i)}\zeta(u-a_i)-A_2^{(i)}\zeta'(u-a_i)+\cdots+$$
$$(-1)^{n_i-1}\frac{A_{n_i}^{(i)}}{(n_i-1)!}\zeta^{(n_i-1)}(u-a_i)]$$

之差在全平面中为正则函数，而且为二重周期函数，因为当以 $u+2\omega$ 代 u 时此差增加 $-2\eta\sum A_1^{(i)}$，而 $\sum A_1^{(i)}$ 为与一平行四边形内各极点相关之留数的和，由定理应当为零，故此差为常数，而得

$$f(u)=C+\sum_{i=1}^{k}[A_1^{(i)}\zeta(u-a_i)-A_2^{(i)}\zeta'(u-a_i)+\cdots+$$
$$(-1)^{n_i-1}\frac{A_{n_i}^{(i)}}{(n_i-1)!}\zeta^{(n_i-1)}(u-a_i)] \qquad (26)$$

此公式称为厄尔密特分解公式，与有理分数式作为简单元素的分解式相类似. 在椭圆函数的积分问题中极为重要，因为当 $f(u)$ 的各极点及其各主要部分已知时，由此公式即可求得其积分.

(3) 椭圆函数 $f(u)$ 用 $p(u)$ 与 $p'(u)$ 的表示——在此种情形中可将椭圆函数 $f(u)$ 分为偶函数与奇函数而言：

① 偶椭圆函数. 设 $f(u)$ 为 $2s$ 阶的偶椭圆函数，则由偶函数的定义，$f(u)$ 之与周期不相等的零点与极点都是双双对称的，设 $\pm a_1, \pm a_2, \cdots$ 分别为 $f(u)$ 的 $m_1, m_2, \cdots$ 阶零点，而 $\pm b_1, \pm b_2, \cdots$ 分别为 $f(u)$ 的 $n_1, n_2, \cdots$ 阶极点，并设 $f(u)$ 之其他与周期不相等的零点与极点皆可由下式

$$\pm a_1 + 2w, \pm a_2 + 2w, \cdots$$
$$\pm b_1 + 2w, \pm b_2 + 2w, \cdots$$

求得，则

$$2m_1 + 2m_2 + \cdots = 2n_1 + 2n_2 + \cdots = 2s$$

设 $p(u)$ 与 $f(u)$ 有相同周期，则下列函数

$$\varphi(u) = \frac{[p(u) - p(a_1)]^{m_1}[p(u) - p(a_2)]^{m_2}\cdots}{[p(u) - p(b_1)]^{n_1}[p(u) - p(b_2)]^{n_2}\cdots}$$

与 $f(u)$ 有相同阶的相同零点与极点，而椭圆函数 $\frac{f(u)}{\varphi(u)}$ 对于不为周期的各值 u 均为不等于零的有限值. 因 $\frac{f(u)}{\varphi(u)}$ 只可以各周期为极点，而若 $\frac{f(u)}{\varphi(u)}$ 以各周期为极点，则其倒置函数 $\frac{\varphi(u)}{f(u)}$ 将无任何极点，故 $\frac{f(u)}{\varphi(u)}$ 为常数，而得

$$f(u) = C\frac{[p(u) - p(a_1)]^{m_1}[p(u) - p(a_2)]^{m_2}\cdots}{[p(u) - p(b_1)]^{n_1}[p(u) - p(b_2)]^{n_2}\cdots} \tag{27}$$

兹设 $u=0$ 为 $f(u)$ 之零点，则各周期亦皆为零点. 因 $f(u)$ 为偶函数，故此零点的阶为偶整数，设

$$0, \pm a_1, \pm a_2, \cdots$$

分别为 $2m, m_1, m_2, \cdots$ 阶零点，则

$$2m + 2m_1 + 2m_2 + \cdots = 2s$$

仍如以上作与 $u=0$ 无关的函数 $\varphi(u)$，则其分子对于 $p(u)$ 为 s　1 阶，而其分母为 s 阶. 因 $u-0$ 为 $p(u)$ 的二阶极点，故 $u=0$ 为 $\varphi(u)$ 的 $2m$ 阶零点. 因之，$\varphi(u)$ 仍与 $f(u)$ 有相同阶的相同零点与极点，而仍得式(27). 当 $u=0$ 为 $f(u)$ 之极点时亦然. 因此，在一切情形中，若 $f(u)$ 为偶椭圆函数，则恒有式(27)，而 $u=0$ 的零点或极点恒不参与其间.

② 奇椭圆函数. 如 $f(u)$ 为奇椭圆函数，则 $\frac{f(u)}{p'(u)}$ 为偶椭圆函数. 因而可将此商作为与 $\varphi(u)$ 同样的 $p(u)$ 之有理函数. 但任一椭圆函数 $F(u)$ 皆为一个偶函数与一个奇函数之和，即

$$F(u)=\frac{F(u)+F(-u)}{2}+\frac{F(u)-F(-u)}{2}$$

故各椭圆函数皆可作为以下形状

$$F(u)=R[p(u)]+p'(u)R_1[p(u)] \qquad (28)$$

其中，R 与 R_1 为 $p(u)$ 之有理函数.

1.3.10 加法公式

以上讲基本函数时已知加法公式是何等重要，兹将 $\zeta(u)$ 与 $p(u)$ 的加法公式求之.

将式(25)适用于椭圆函数 $p(u)-p(v)$，即知

$$\frac{\sigma(u+v)\sigma(u-v)}{\sigma^2(u)}$$

为与 $p(u)-p(v)$ 有相同零点与相同极点的椭圆函数，并得

$$p(u)-p(v)=C\frac{\sigma(u+v)\sigma(u-v)}{\sigma^2(u)}$$

欲求此常数 C，可将此式两端乘以 $\sigma^2(u)$，并令 u 趋于零，如此即得

$$1=-C\sigma^2(v)$$

与

$$p(u)-p(v)=-\frac{\sigma(u+v)\sigma(u-v)}{\sigma^2(u)\sigma^2(v)} \qquad (29)$$

将 v 视为常数而 u 视为自变数以求此式两端之对数导数，即得

$$\frac{p'(u)}{p(u)-p(v)}=\zeta(u+v)+\zeta(u-v)-2\zeta(u)$$

将 u 视为常数而 v 视为自变数以求之,即得

$$\frac{-p'(v)}{p(u)-p(v)}=\zeta(u+v)-\zeta(u-v)-2\zeta(v)$$

将此两式相加,即得 $\zeta(u)$ 的加法公式

$$\zeta(u+v)-\zeta(u)-\zeta(v)=\frac{1}{2}\ \frac{p'(u)-p'(v)}{p(u)-p(v)} \tag{30}$$

求此式两端对于 u 的导数,并以 $\sigma p^2(u)-\frac{g_2}{2}$ 代 $p''(u)$,即得 $p(u+v)$ 之式. 但此种计算稍长,不如证明下列关系

$$\begin{aligned} & p(u+v)+p(u)+p(v) \\ =& [\zeta(u+v)-\zeta(u)-\zeta(v)]^2 \end{aligned} \tag{31}$$

较为简便.

仍将 u 视为自变数,则式(31) 两端为以

$$u=0, u=-v$$

及由其增加一个周期的各点为二阶极点之椭圆函数. 在原点邻近可有

$$\begin{aligned} & \zeta(u+v)-\zeta(u)-\zeta(v) \\ =& \zeta(v)+u\zeta'(v)+\cdots-\zeta(u)-\zeta(v) \\ =& -\frac{1}{u}+u\zeta'(v)+au^2+\cdots \end{aligned}$$

及

$$\begin{aligned} & [\zeta(u+v)-\zeta(u)-\zeta(v)]^2 \\ =& \frac{1}{u^2}-2\zeta'(v)-2\alpha u-\cdots \end{aligned}$$

其主要部分 $\frac{1}{u^2}$ 与式(31) 左端的主要部分相同. 兹再将式(31) 右端在其极点 $u=-v$ 邻近的主要部分求之. 令

$$u=-v+h$$

则得

$$\zeta(h)-\zeta(-v+h)-\zeta(v)$$
$$=\frac{1}{h}-h\zeta'(v)+\beta h^2+\cdots$$

及

$$[\zeta(h)-\zeta(h-v)-\zeta(v)]^2$$
$$=\frac{1}{h^2}-2\zeta'(v)+\cdots$$

其主要部分$\frac{1}{h^2}=\frac{1}{(u+v)^2}$亦与式(31)左端的主要部分相同,因而式(31)两端之差为一个常数. 如欲求此常数,可就其在原点邻近的展开式加以比较. 在原点邻近可有

$$p(u+v)+p(u)+p(v)$$
$$=\frac{1}{u^2}+2p(v)+up'(v)+\cdots$$

将此式与$[\zeta(u+v)-\zeta(u)-\zeta(v)]^2$的展开式加以比较,即知其差当$u=0$时为零. 式(31)得证.

再将式(30)与式(31)加以比较,即得$p(u)$的加法公式

$$p(u+v)+p(u)+p(v)$$
$$=\frac{1}{4}\left[\frac{p'(u)-p'(v)}{p(u)-p(v)}\right]^2 \tag{32}$$

$p(u)$的加法公式尚有另一形状,兹求之如下:设有两方程

$$p'(u)=Ap(u)+B$$
$$p'(v)=Ap(v)+B$$

如$p(u)\neq p(v)$,则A与B皆可用u与v决定. 再设一函数

$$p'(z)=Ap(z)-B$$

即知此函数有一个三阶极点 $z=0$,且在一个周期平行四边形内有三个零点;但 $z=u,z=v$ 为其两个零点,故其另一个零点为 $z=-u-v$. 因为其零点的和等于一个周期,因此,有

$$p'(-u-v)=Ap(-u-v)+B$$

由此三式消去 A,B,即得

$$\begin{vmatrix} p(u) & p'(u) & 1 \\ p(v) & p'(v) & 1 \\ p(u+v) & -p'(u+v) & 1 \end{vmatrix}=0 \qquad (33)$$

因 $p'(u),p'(v),p'(u+v)$ 皆可作为 $p(u),p(v)$, $p(u+v)$ 的函数,且由此结果可将 $p(u+v)$ 作为 $p(u),p(v)$ 的函数,故此式亦称为 $p(u)$ 的加法公式.

注 此两种形状之 $p(u)$ 的加法公式当 $u=v$ 时均不能适用. 但若在式(32)中令 u 为定值,并使 v 趋于 u,则所得结果

$$\lim_{v\to u}p(u+v)+p(u)+\lim_{v\to u}p(v)$$
$$=\frac{1}{4}\lim_{v\to u}\left[\frac{p'(u)-p'(v)}{p(u)-p(v)}\right]^2$$

仍为正确. 例如,将 $p(2u)$ 作为 $p(u)$ 及其导数的函数,得

$$p(2u)=-2p(u)+\frac{1}{4}\lim_{h\to 0}\left[\frac{p'(u)-p'(u+h)}{p(u)-p(u+h)}\right]^2$$
$$=-2p(u)+\frac{1}{4}\lim_{h\to 0}\left[\frac{-hp''(u)-\frac{h^2}{2!}p'''(u)-\cdots}{-hp'(u)-\frac{h^2}{2!}p''(u)-\cdots}\right]^2$$
$$=-2p(u)+\frac{1}{4}\left[\frac{p''(u)}{p'(u)}\right]^2$$

但需要 $2u$ 不为周期.此结果称为 $p(u)$ 的二重公式.

1.3.11 其他三个 σ 函数

其他三个 σ 函数

$$\begin{cases}\sigma_1(u)=\mathrm{e}^{-\eta u}\dfrac{\sigma(u+\omega)}{\sigma(\omega)}\\ \sigma_2(u)=\mathrm{e}^{-\eta' u}\dfrac{\sigma(u+\omega')}{\sigma(\omega')}\\ \sigma_3(u)=\mathrm{e}^{-\eta'' u}\dfrac{\sigma(u+\omega'')}{\sigma(\omega'')}\end{cases}\tag{34}$$

有时亦极需要.兹将其主要关系求之.在式(20)中令

$$u=-z-\omega$$

则得

$$\sigma(-z+\omega)=\mathrm{e}^{-2\eta z}\sigma(z+\omega)$$

将此式与式(34)的第一式比较,即得

$$\sigma_1(u)=\mathrm{e}^{\eta u}\frac{\sigma(\omega-u)}{\sigma(\omega)}\tag{35}$$

在式(34)的第一式中以 $-u$ 代 u,并使其与式(35)比较,即得

$$\sigma_1(-u)=\sigma_1(u)$$

同理可得其他两式

$$\sigma_2(-u)=\sigma_2(u)$$

$$\sigma_3(-u)=\sigma_3(u)$$

由此可见,此三个 σ 函数皆为偶函数.在式(34)的三个式子中,分别令 $u=0$,得

$$\sigma_1(0)=1,\sigma_2(0)=1,\sigma_3(0)=1$$

同理可得以下各式

$$\begin{aligned}
&\sigma_1(u+2\omega)=-\mathrm{e}^{2\eta(u+\omega)}\sigma_1(u)\\
&\sigma_1(u+2\omega')=\mathrm{e}^{2\eta'(u+\omega')}\sigma_1(u)\\
&\sigma_1(u\pm\omega)=\pm\mathrm{e}^{\pm\eta u}\sigma(\omega)\sigma_1(u)\\
&\sigma_1(u\pm\omega)=\mp\mathrm{e}^{\eta(\omega\pm u)}\frac{\sigma(u)}{\sigma(\omega)}\\
&\sigma_1(u\pm\omega')=-\frac{\sigma(\omega'')}{\sigma(\omega)}\mathrm{e}^{\pm\eta' u-\eta\omega'}\sigma_3(u)
\end{aligned}\tag{36}$$

将 ω,ω',ω'' 互相变换,即得 σ_2,σ_3 之式.

在式(35)中令 $u=\omega$,得

$$\sigma_1(\omega)=0$$

同理可得其他两式

$$\sigma_2(\omega')=0,\sigma_3(\omega'')=0$$

由此可见,三半周期皆为此三函数的零点.

在式(29)中令 $u=\omega$,并由式(33)与式(34),得

$$p(u)-e_1=\frac{\sigma_1^2(u)}{\sigma^2(u)}$$

或

$$\sqrt{p(-u)-e_1}=+\frac{\sigma_1(u)}{\sigma(u)}\tag{37}$$

同理可得其他两式

$$\begin{cases}\sqrt{p(u)-e_2}=+\dfrac{\sigma_2(u)}{\sigma(u)}\\ \sqrt{p(u)-e_3}=-\dfrac{\sigma_3(u)}{\sigma(u)}\end{cases}\tag{38}$$

设

$$\sigma_{m0}=\frac{\sigma_m(u)}{\sigma(u)},\sigma_{0m}=\frac{\sigma(u)}{\sigma_m(u)},\sigma_{mn}=\frac{\sigma_m(u)}{\sigma_n(u)}$$

则此 12 个函数中之 6 个为其他 6 个之倒置函数.兹令

$$q=\sigma_{02}(u)=\frac{\sigma_1(u)}{\sigma_2(u)}=\frac{1}{\sqrt{p(u)-e_2}}$$

由式(34)得

$$q(u+2\omega)=-q(u)$$

$$q(u+2\omega')=q(u)$$

即 q 以 $4\omega,2\omega'$ 为周期.

因当 $u=0$ 时,$\sigma(u)=0$,故 q 之零点为与 $u=0$ 相叠合的各点 $u=2m\omega+2m'\omega'$;因当 $u=\omega'$ 时,$\sigma_2(u)=0$,故 q 以与 ω' 相叠合的各点 $u=\omega'+2m\omega+2m'\omega'$ 为一阶极点.因此,q 为以 $4\omega,2\omega'$ 为周期的二阶椭圆函数.

1.3.12 椭圆函数之积分

由厄尔密特分解公式求积分,即得

$$\int f(u)\mathrm{d}u=Cu+\sum_{i=1}^{k}[A_1^{(i)}\log\sigma(u-a_i)-A_2^{(i)}\zeta(u-a_i)+\cdots+(-1)^{n_i-1}\frac{A_{\eta_i}^{(i)}}{(n_i-1)!}\zeta^{(n_i-2)}(u-a_i)] \tag{39}$$

由此可见,椭圆函数之积分亦可用 σ,ζ,p 三个函数表示,只有 σ 为其对数函数.但若欲此椭圆函数之积分仍为椭圆函数,则需要其适合以下两个条件:

(1)此积分不能有任何对数分支点,即其各留数 $A_1^{(i)}$ 都需要为零.

(2)此积分必须有两个周期,即其适合以下两式

$$2C\omega-2\eta\sum_i A_2^{(i)}=0,2C\omega'-2\eta'\sum_i A_2^{(i)}=0$$

或者适合

$$C=0,\sum A_2^{(i)}=0$$

当被积分之椭圆函数为 $p(u)$ 与 $p'(u)$ 之式(28)

时,可将其分为两部分

$$\int R[p(u)]\mathrm{d}u,\int R_1[p(u)]p'(u)\mathrm{d}u$$

来计算.在第二个积分中,设 $p(u)=t$,即将其作为 t 之有理函数的积分.此第一个积分可分为以下形状之两积分

$$\int[p(u)]^n\mathrm{d}u,\int\frac{\mathrm{d}u}{p(u)-\alpha}$$

其中,α 为 $R[p(u)]$ 之分母的根,但不等于 e_1,e_2,e_3.欲求 $\int[p(u)]^n\mathrm{d}u$,可设 $I_n=\int[p(u)]^n\mathrm{d}u$.若在

$$\begin{aligned}&\frac{\mathrm{d}}{\mathrm{d}u}\{[p(u)]^{n-1}p'(u)\}\\&=(n-1)[p(u)]^{n-2}p'^2(u)+\\&\quad[p(u)]^{n-1}p''(u)\end{aligned}$$

式中以 $4p^3(u)-g_2p(u)-g_3$ 代 $p'^2(u)$,以 $6p^2(u)-\frac{g_2}{2}$ 代 $p''(u)$ 并加以整理,则得

$$\begin{aligned}\frac{\mathrm{d}}{\mathrm{d}u}\{[p(u)]^{n-1}p'(u)\}=&(4n+2)[p(u)]^{n+1}-\\&\left(n-\frac{1}{2}\right)g_2[p(u)]^{n-1}-\\&(n-1)g_3[p(u)]^{n-2}\end{aligned}$$

求其两端之积分,即得一循环公式

$$\begin{aligned}[p(u)]^{n-1}p'(u)=&(4n+2)I_{n+1}-\\&\left(n-\frac{1}{2}\right)g_2I_{n-1}-\\&(n-1)g_3I_{n-2}\end{aligned}\tag{40}$$

在此公式中继续令 $n=1,2,3,\cdots$,由 $I_0=u,I_1=-\zeta(u)$ 即可将各积分 I_n 计算出来.

欲求$\int\frac{\mathrm{d}u}{p(u)-\alpha}$,可设 $p(v)=\alpha$. 因之,v 不为半周期而 $p'(v)$ 亦不为零. 由前节之公式

$$\frac{-p'(v)}{p(u)-p(v)}=\zeta(u+v)-\zeta(u-v)-2\zeta(v)$$

可得

$$\int\frac{\mathrm{d}u}{p(u)-p(v)}=\frac{-1}{p'(v)}[\log\sigma(u+v)-\log\sigma(u-v)-2u\zeta(v)]+C \tag{41}$$

1.3.13 周期与不变量之关系

所有比值不为实数的两个复数 ω,ω' 皆可与一以 $2\omega,2\omega'$ 为周期,以 $2m\omega+2m'\omega'$ 为二阶极点,而以其他点 u 为正则点之椭圆函数 $p(u)$ 相适应. 由 $p(u)$ 所得的函数 $\zeta(u)$ 与 $\sigma(u)$ 亦即由此两周期 $2\omega,2\omega'$ 所决定. 当需标明此周期时,可用

$$p(u\mid\omega,\omega'),\zeta(u\mid\omega,\omega'),\sigma(u\mid\omega,\omega')$$

表示此三基本函数.

然此组复数(ω,ω')尚可以无限个其他复数组(Ω,Ω')代替而无损于此函数 $p(u)$,因为若设 m,m',n,n' 为适合

$$mn'-m'n=\pm1$$

之或正或负的四个任意整数,并设

$$\Omega=m\omega+n\omega',\Omega'=m'\omega+n'\omega'$$

则得

$$\omega=\pm(n'\Omega-n\Omega'),\omega'=\pm(m\Omega'-m'\Omega)$$

故此椭圆函数 $p(u)$ 之各周期为此两个周期 $2\Omega,2\Omega'$ 之组合,如同其以 $2\omega,2\omega'$ 为周期一样. 这样的两组周期$(2\omega,2\omega')$与$(2\Omega,2\Omega')$称为等价,此两个函数

$$p(u \mid \Omega,\Omega') \text{ 与 } p(u \mid \omega,\omega')$$

既有相同周期、相同极点及相同主要部分，而且其差当 $u=0$ 时为零，故此两个函数为全等. 此种结果亦可由式(3)得到，因为 $2m\omega+2m'\omega'$ 的集合与 $2m\Omega+2m'\Omega'$ 的集合是全等.

同理，可得

$$\zeta(u \mid \Omega,\Omega')=\zeta(u \mid \omega,\omega')$$

及

$$\sigma(u \mid \Omega,\Omega')=\sigma(u \mid \omega,\omega')$$

此三个函数 $p(u),\zeta(u),\sigma(u)$ 亦可用不变量 g_2，g_3 决定，因为 $\sigma(u)$ 所展幂级数的系数为 g_2,g_3 的多项式，而 $\zeta(u)$ 与 $p(u)$ 可用积分由

$$\zeta(u)=\frac{\sigma'(u)}{\sigma(u)},p(u)=-\zeta'(u)$$

得到. 如欲标明与不变量 g_2,g_3 相适应的函数 $p(u)$，$\zeta(u),\sigma(u)$，可用以下符号

$$p(u;g_2,g_3),\zeta(u;g_2,g_3),\sigma(u;g_2,g_3)$$

是否此函数 $p(u)$ 亦可直接由不变量 g_2,g_3 求得呢？这是我们极易引起的问题. 就以上所述，可知 $g_2^3-27g_3^2$ 需不为零，而 ω 与 ω' 需为以下两式

$$g_2=60\sum{}'\frac{1}{(2m\omega+2m'\omega')^4}$$

$$g_3=140\sum{}'\frac{1}{(2m\omega+2m'\omega')^6} \tag{42}$$

所决定的 $\frac{\omega'}{\omega}$ 不为实数之解. 但若有一组解，则尚有无限组解. 故直接由此两式研究颇为不易，下节再用其他方法求之.

兹设 ω,ω' 为其比值 $\frac{\omega'}{\omega}$ 不为实数的两个复数. 与

其相适应的函数 $p(u \mid \omega,\omega')$ 即适合以下微分方程

$$\left[\frac{\mathrm{d}p(u)}{\mathrm{d}u}\right]^2=4p^3(u)-g_2p(u)-g_3$$

其中 g_2,g_3 为由式(42)所得之值,但 $p(\omega)$ 为方程

$$4p^3-g_2p-g_3=0$$

的一个根 e_1,故当 u 由 0 变至 ω 时,$p(u)$ 将作一条由无限至点 e_1 的曲线 L,且由下列关系

$$\mathrm{d}u=\frac{\mathrm{d}p}{\sqrt{4p^3-g_2p-g_3}}$$

得知此半周期 ω 等于沿此曲线 L 的定积分

$$\omega=\int_{\infty}^{e_1}\frac{\mathrm{d}p}{\sqrt{4p^3-g_2p-g_3}}$$

在此积分中以 e_2 代 e_1 即得 ω' 之式.因此,若欲由不变量 g_2,g_3 以求此半周期 ω 与 ω',则需求此椭圆积分.如此所得结果与由式(42)所得为等价.

1.3.14 用不变量决定之函数 $p(u)$

设 e_1,e_2,e_3 为三次方程

$$4t^3-g_2t-g_3=0 \tag{43}$$

或

$$4(t-e_1)(t-e_2)(t-e_3)=0$$

的三个根.因 g_2 与 g_3 必须适合

$$g_2^3-27g_3^2\neq 0$$

故此三个根彼此都不相等.如此三根皆为实数,且适合下列关系

$$e_2<e_3<e_1$$

则这两个周期可由以下两式

$$\begin{cases} 2\omega = 2\int_{e_1}^{+\infty} \dfrac{\mathrm{d}t}{\sqrt{4t^3 - g_2 t - g_3}} \\ 2\omega' = 2\mathrm{i}\int_{-\infty}^{e_2} \dfrac{\mathrm{d}t}{\sqrt{-(4t^3 - g_2 t - g_3)}} \end{cases} \tag{44}$$

决定.因 $4t^3 - g_2 t - g_3$ 在 $(e_1, +\infty)$ 间为正,而在 $(-\infty, e_2)$ 间为负,故 2ω 为实数而 $2\omega'$ 为纯虚数.因 $2\omega, 2\omega'$ 与坐标原点不在一条直线上,故由此两数所作的级数

$$\frac{1}{u^2} + \sum{}' \left[\frac{1}{(u-2w)^2} - \frac{1}{4w^2}\right]$$
$$(2w = 2m\omega + 2m'\omega')$$

可决定适合

$$\frac{\mathrm{d}p}{\mathrm{d}u} = \sqrt{4p^3 - g_2 p - g_3}$$
$$= \sqrt{4(p-e_1)(p-e_2)(p-e_3)} \tag{45}$$

之椭圆函数 $p(u \mid \omega, \omega')$.因函数 $p(u)$ 在原点邻近的展开式可写为

$$p(u) = \frac{1}{u^2} + \frac{g_2}{20}u^2 + \frac{g_3}{28}u^4 + \cdots \tag{46}$$

其中 g_2, g_3 适合式(42),故若式(43)的一根 e_3 为实数,而其他两根为共轭虚数,则得

$$\begin{cases} 2\Omega = \int_{e_3}^{+\infty} \dfrac{\mathrm{d}t}{\sqrt{4t^3 - g_2 t - g_3}} \\ 2\Omega' = \int_{-\infty}^{e_3} \dfrac{\mathrm{d}t}{\sqrt{-(4t^3 - g_2 t - g_3)}} \end{cases} \tag{47}$$

因 $4t^3 - g_2 t - g_3$ 在 $(e_3, +\infty)$ 间为正,而在 $(-\infty, e_3)$ 间亦为正,故 2Ω 与 $2\Omega'$ 皆为实数,而

$$2\omega = 2\Omega - 2\mathrm{i}\Omega', 2\omega' = 2\Omega + 2\mathrm{i}\Omega'$$

与坐标原点不在一条直线上.因此,由此两数所作之级数

$$\frac{1}{u^2}+\sum{}'\left[\frac{1}{(u-2w)^2}-\frac{1}{4w^2}\right]$$

为收敛,且可决定一个椭圆函数 $p(u \mid \omega,\omega')$.此函数适合式(45),其在原点邻近的展开式为式(46),而 g_2,g_3 适合式(47).

兹设 g_2,g_3 为适合 $g_2^3-27g_3^2\neq 0$ 的两个任意复数,则得结果如下:

如令

$$\omega=\int_{e_2}^{e_3}\frac{\mathrm{d}t}{\sqrt{4t^3-g_2t-g_3}},\omega'=\int_{e_2}^{e_1}\frac{\mathrm{d}t}{\sqrt{4t^3-g_2t-g_3}} \tag{48}$$

则由此两数所作之级数

$$\frac{1}{u^2}+\sum{}'\left[\frac{1}{(u-2w)^2}-\frac{1}{4w^2}\right]$$

为收敛,且可决定一个椭圆函数 $p(u \mid \omega,\omega')$.此函数适合式(45),其在原点邻近的展开式为式(46),而 g_2,g_3 适合式(42).

注 在椭圆函数之应用方面,此函数 $p(u)$ 恒用其不变量决定.如欲作此数量计算,则需就 g_2,g_3 以求其两个周期.但由 $\sigma(u)$ 的展开式(22)以求其微分 $\sigma'(u)$,$\sigma''(u)$,则亦可求得 $\zeta(u)$ 与 $p(u)$ 之式.

1.4 椭圆函数之应用

1.4.1 椭圆积分之计算

椭圆函数在应用方面的重要性在于椭圆积分之计算,此积分之形状为

$$\int \frac{P(x)}{Q(x)\sqrt{X}}\mathrm{d}x \tag{49}$$

其中 P 与 Q 为 x 的多项式,而 X 为一个三次或四次多项式.在高等微积分中曾证明:用变量变换可使四次多项式之次数降低一个单位而为三次多项式,同时亦可使三次多项式之次数提高一个单位而为四次多项式.如 X 为三次多项式

$$X = ax^3 + bx^2 + cx + d$$

作下列变量变换

$$x = \lambda y - \frac{b}{3a}$$

即可消去其二次项而使其变为

$$a\lambda^3 y^3 + my + n = \frac{a\lambda^3}{4}(4y^3 - g_2 y - g_3)$$

其中 λ, g_2, g_3 均为常数,一般可令 $\lambda = \pm 1$,但为简化起见先不肯定它亦有好处.因此,如适当选取 λ 的符号而使 $a\lambda^3$ 为正数,则所设积分变为以下形状

$$\int \frac{R(y)}{S(y)} \frac{\mathrm{d}y}{\sqrt{4y^3 - g_2 y - g_3}} \tag{50}$$

其中 $R(y)$ 与 $S(y)$ 为 y 之多项式.将此积分简化即得魏尔斯特拉斯正规形式的第一类、第二类与第三类椭圆积分

$$\begin{cases} \displaystyle\int \frac{\mathrm{d}y}{\sqrt{4y^3 - g_2 y - g_3}} \\ \displaystyle\int \frac{y\mathrm{d}y}{\sqrt{4y^3 - g_2 y - g_3}} \\ \displaystyle\int \frac{\mathrm{d}y}{(y-a)\sqrt{4y^3 - g_2 y - g_3}} \end{cases} \tag{51}$$

如 X 为四次多项式,则可将式(49)简化为勒让德

形式的第一类、第二类与第三类椭圆积分

$$\begin{cases}\displaystyle\int \frac{\mathrm{d}x}{\sqrt{(1-x^2)(1-k^2x^2)}} \\ \displaystyle\int \frac{x\mathrm{d}x}{\sqrt{(1-x^2)(1-k^2x^2)}} \\ \displaystyle\int \frac{\mathrm{d}x}{(x-a)\sqrt{(1-x^2)(1-k^2x^2)}}\end{cases} \tag{52}$$

其中，常数 k 称为模，常数 a 称为参量. 此三类椭圆积分尚可写为

$$\begin{cases}\displaystyle\int \frac{\mathrm{d}x}{\sqrt{(1-x^2)(1-k^2x^2)}} \\ \displaystyle\int \frac{\sqrt{1-k^2x^2}}{\sqrt{1-x^2}}\mathrm{d}x \\ \displaystyle\int \frac{\mathrm{d}x}{(1+nx^2)\sqrt{(1-x^2)(1-k^2x^2)}}\end{cases} \tag{53}$$

如令 $x=\sin\varphi$，则此三个积分变为以下形式

$$\begin{cases}\displaystyle\int \frac{\mathrm{d}\varphi}{\sqrt{1-k^2\sin^2\varphi}} \\ \displaystyle\int \sqrt{1-k^2\sin^2\varphi}\,\mathrm{d}\varphi \\ \displaystyle\int \frac{1}{1+n\sin^2\varphi}\frac{\mathrm{d}\varphi}{\sqrt{1-k^2\sin^2\varphi}}\end{cases} \tag{54}$$

其中，k^2 在实用方面恒为小于 1 之实数. 勒让德曾设

$$k=\sin\theta$$

并称 θ 为模角. 因此，几种形式可以互变，故若其一种形式获得解决，此积分即完全解决. 在魏尔斯特拉斯的三类积分中设

$$y=p(u;g_2,g_3)$$

则

$$\mathrm{d}y = p'(u)\mathrm{d}u = \pm\sqrt{4p^3(u) - g_2 p(u) - g_3}\,\mathrm{d}u$$

因而,此三类积分变为

$$\begin{cases}\displaystyle\int \frac{\mathrm{d}y}{\sqrt{4y^3 - g_2 y - g_3}} = \int \mathrm{d}u = u + C \\ \displaystyle\int \frac{y\mathrm{d}y}{\sqrt{4y^3 - g_2 y - g_3}} = \int p(u)\mathrm{d}u = -\zeta(u) + C \\ \displaystyle\int \frac{\mathrm{d}y}{(y-a)\sqrt{4y^3 - g_2 y - g_3}} = \int \frac{\mathrm{d}u}{p(u) - a}\end{cases} \tag{55}$$

其中,C 为一个任意积分常数. 欲求此最后一积分,可令 $a = p(v)$,v 为一个常数. 因之,由公式(41)得

$$\int \frac{\mathrm{d}u}{p(u) - p(v)} = -\frac{1}{p'(v)}[\log\sigma(u+v) - \log\sigma(u-v) - 2u\zeta(v)] + C$$

如此,则椭圆微分的积分已完全获得解决.

注1 如多项式 X 的根为已知,即

$$X = A(x-\alpha)(x-\beta)(x-\gamma)$$

令

$$x = \lambda y + \frac{1}{3}(\alpha + \beta + \gamma)$$

则

$$X = A\lambda^3(y - e_\alpha)(y - e_\beta)(y - e_\gamma)$$

其中

$$e_\alpha - \frac{1}{\lambda}\left(\alpha - \frac{\alpha + \beta + \gamma}{3}\right)$$

$$e_\beta = \frac{1}{\lambda}\left(\beta - \frac{\alpha + \beta + \gamma}{3}\right)$$

$$e_\gamma = \frac{1}{\lambda}\left(\gamma - \frac{\alpha + \beta + \gamma}{3}\right)$$

再令

$$y=p(u;e_\alpha,e_\beta,e_\gamma)$$

即可求得其积分.

注 2 欲求此一般椭圆积分式(50),不必要将其化为第一类、第二类与第三类椭圆积分,可直接令

$$y=p(u;g_2,g_3)$$

如此,则所求积分变为椭圆函数之积分

$$\int\frac{R[p(u)]}{S[p(u)]}\mathrm{d}u$$

再采用厄尔密特方法将其分解为简单元素,即可获得解决.

例 2 **椭圆之弧长计算** 由椭圆方程

$$\frac{x^2}{a^2}+\frac{y^2}{b^2}=1$$

可得其弧长之算式

$$\begin{aligned}s&=\int_0^x\sqrt{1+\left(\frac{\mathrm{d}y}{\mathrm{d}x}\right)^2}\,\mathrm{d}x\\&=\int_0^x\sqrt{\frac{a^4-(a^2-b^2)x^2}{a^2(a^2-x^2)}}\,\mathrm{d}x\\&=\int_0^x\frac{a^2-k^2x^2}{\sqrt{(a^2-x^2)(a^2-k^2x^2)}}\mathrm{d}x\end{aligned}$$

其中,$k^2=\frac{a^2-b^2}{a^2}$.如用椭圆参变方程

$$x=a\sin\varphi,y=b\cos\varphi$$

则得

$$\begin{aligned}s&=\int\sqrt{a^2\cos^2\varphi+b^2\sin^2\varphi}\,\mathrm{d}\varphi\\&=a\int\sqrt{1-\frac{a^2-b^2}{a^2}\sin^2\varphi}\,\mathrm{d}\varphi\end{aligned}$$

$$=a\int\sqrt{1-k^2\sin^2\varphi}\,\mathrm{d}\varphi$$

由此可见,椭圆之弧长计算为椭圆积分.

例3　双纽线之弧长计算　由双纽线方程

$$r^2=a^2\cos 2\theta$$

可得其弧长之算式

$$s=\int_0^r\sqrt{r^2\left(\frac{\mathrm{d}\theta}{\mathrm{d}r}\right)^2+1}\,\mathrm{d}r$$

$$=\int_0^r\frac{a^2\,\mathrm{d}r}{\sqrt{a^4-r^4}}=a\int_0^t\frac{\mathrm{d}t}{\sqrt{1-t^4}}$$

其中 $t=\frac{r}{a}$. 由此可见,双纽线之弧长计算为椭圆积分.

如以 φ 代表此积分 $\int_0^t\frac{\mathrm{d}t}{\sqrt{1-t^4}}$,则得高斯所创之双纽线函数. 此函数即最先由积分之反演所得之函数.

例4　单摆　有重量之质点在铅垂平面内以 l 为半径的圆周上之无摩擦的运动称为单摆. 设以圆心为坐标原点 O,以铅垂向上之轴为 z 轴,以此圆周平面内垂直于 Oz 的轴为 x 轴,并设将动点用初速度 v_0 由圆周的最低点 $M_0(z=-l)$ 向上投掷,由动能定理即得

$$v^2=2g(a-z)$$

其中

$$a=-l+\frac{v_0^2}{2g}$$

若令 θ 为 OM 与向下垂线 OM_0 所作之角 M_0OM,则得

$$v=l\frac{\mathrm{d}\theta}{\mathrm{d}t},z=-l\cos\theta$$

因而,以上运动方程式变为

$$l^2\left(\frac{\mathrm{d}\theta}{\mathrm{d}t}\right)^2=2g(a+l\cos\theta)$$

由此,即得

$$t=l\int_0^\theta\frac{\mathrm{d}\theta}{\sqrt{2g(a+l\cos\theta)}}$$

$$=\frac{t\sqrt{2}}{\sqrt{g(a+l)}}\int_0^\theta\frac{\mathrm{d}\frac{\theta}{2}}{\sqrt{l-\frac{2l}{a+l}\sin^2\frac{\theta}{2}}}$$

此亦为椭圆积分.

1.4.2 三次平面曲线

对于三次平面曲线,我们可以将其一点的坐标用椭圆函数表示.

一个三次平面曲线一般有九个拐点,取其一个为坐标原点,并以其在此点之切线为 x 轴,则此曲线的方程为

$$Ax^3+Bx^2y+Cxy^2+Dy^3+2y(\alpha x+\beta y)+y=0 \tag{56}$$

令

$$x=\frac{\xi}{\eta},y=\frac{1}{\eta} \tag{57}$$

则上式写为

$$(\eta+\alpha\xi+\beta)^2=-A\xi^3+(\alpha^2-B)\xi^2+(2\alpha\beta-C)\xi+\beta^2-D$$

再令

$$\xi=mX+n \tag{58}$$

并令 m 之值使其右端 X^3 的系数为 4,X^2 的系数为零,则得

$$[\eta+\alpha(mX+n)+\beta]^2=4X^3-g_2X-g_3 \tag{59}$$

其中,g_2 与 g_3 均为常数.

至此,令

$$X=p(u;g_2,g_3)$$

则由式(59)得

$$\eta+\alpha(mX+n)+\beta=p'(u)$$

因而

$$\eta=p'(u)+\lambda p(u)+\mu$$

其中,λ 与 μ 均为常数.由 X 与 η 返回到 ξ,x 与 y,则得

$$\begin{cases} y=\dfrac{1}{\eta}=\dfrac{1}{p'(u)+\lambda p(u)+\mu} \\ x=y\xi=y(mX+n)=\dfrac{mp(u)+n}{p'(u)+\lambda p(u)+\mu} \end{cases}$$

如此,即将 x 与 y 作为参数 u 的椭圆函数,此两式乃以下两式之特殊情况

$$\begin{cases} x=\dfrac{\alpha p'(u)+\beta p(u)+\gamma}{ap'(u)+bp(u)+c} \\ y=\dfrac{\alpha' p'(u)+\beta' p(u)+\gamma'}{ap'(u)+bp(u)+c} \end{cases} \tag{60}$$

其中,α,α',a,… 均为常数.

对于参数的一个值 u,以及 $u+2w$ 各值只与同一点 x,y 对应.反之,由公式(60)所表达的曲线为三次平面曲线.

任一直线 $Ax+By+C=0$ 与此曲线之交点的 u 值适合下式

$$\begin{aligned} &A[\alpha p'(u)+\beta p(u)+\gamma]+ \\ &B[\alpha' p'(u)+\beta' p(u)+\gamma']+ \\ &C[ap'(u)+bp(u)+c]=0 \end{aligned}$$

此式左端为一个三阶椭圆函数,因为它在一周期平行四边形内只有此一个三重极点 $u=0$.因而,它在一周

期平行四边形内有三个零点.如此,则此曲线与任一条直线的交点有三个,而又为代数曲线,故此曲线为三次平面曲线,上式即证明.

几何性质 因任一条直线与此曲线之交点的参数 u_1,u_2,u_3 为一个三阶椭圆函数的零点,而此椭圆函数又以 $u=0$ 为其三重极点,故得

$$u_1+u_2+u_3=\text{周期}=2w$$

反之,如此曲线上三点的参数 u_1,u_2,u_3 适合以上关系,则此三点在一条直线上.因为通过 u_1 与 u_2 所画的直线与此曲线相交的另一点 u' 之和 u_1+u_2+u' 为一周期 $2w$,故

$$u_3=u'+2w$$

换言之,即点 u' 与点 u_3 在几何上互相重合.

同理,如欲六个点 $u_1,u_2,\cdots,u_6$ 在一个二次曲线上,则只需

$$u_1+u_2+\cdots+u_6=\text{周期}=2w$$

由此可得很多几何性质:例如,如一个三次平面曲线之三组成对的点在一个二次曲线上,则与其相应的三条直线与此三次平面曲线的三个新交点在同一条直线上.

因若 $u_1,u_1';u_2,u_2';u_3,u_3'$ 为此三组成对的点,则其三个新点为

$$-(u_1+u_1'),-(u_2+u_2'),-(u_3+u_3')$$

从而,得

$$-(u_1+u_1'+u_2+u_2'+u_3+u_3')=\text{周期}=2w$$

因为原有六个点在一个二次曲线上.

在一拐点 u 所通过的切线与此曲线相交在与 u 重合的三点上,故

$$3u = 周期 = 2w$$

因之

$$u = \frac{2m\omega + 2m'\omega'}{3}$$

其中，2ω，$2\omega'$ 为所取椭圆函数的周期；m，m' 为任意两个整数.

因此，此三次平面曲线有九个拐点，分别令 m，m' 有0，1，2各值即可得之，因为 m，m' 与 $m+3h$，$m'+3k$ 共同适应一个点. 设 (m,m') 与 (m_1,m'_1) 为其中两个点，则通过此两点的直线与此三次平面曲线之另一新交点亦为一拐点，因为其值 u 为

$$\frac{-2(m+m_1)\omega - 2(m'+m'_1)\omega'}{3}$$

由此可见，此三次平面曲线的拐点乃每三个位于同一条直线上. 显然，在每一点上通过四条直线. 因此，总共有 $9\times 4=36$ 条直线，但每一条直线计算三次，故此直线之数为 $\frac{36}{3}=12$.

1.4.3　阿贝尔微分

因一个三次平面曲线 $f(x,y)=0$ 之一点的坐标 x 与 y 可作为一参数 u 的椭圆函数，故与其相关之所有阿贝尔微分 $F(x,y)\mathrm{d}x$，其中 F 为 x 与 y 之有理函数，皆可作为椭圆函数的微分形式 $\varphi(u)\mathrm{d}u$. 因而，可用厄尔密特方法求得其积分.

例5　以下两积分

$$\int \frac{\mathrm{d}x}{(x^3+ax^2+bx+c)^{\frac{1}{3}}},\int \frac{\mathrm{d}x}{(x^3+ax^2+bx+c)^{\frac{2}{3}}}$$

皆可化为椭圆积分，因若令

$$y^3 = x^3+ax^2+bx+c \tag{61}$$

则以上两积分写为$\int \frac{dx}{y}$，$\int \frac{dx}{y^2}$，故此乃与三次平面曲线(61) 相关之阿贝尔积分. 欲计算此积分，则需将式(61) 之一点的坐标 x 与 y 作为一参数的椭圆函数. 但若将式(61) 右端分解为因式

$$y^3=(x-\alpha)(x-\beta)(x-\gamma)$$

则知其一拐点为 $y=0,x=\alpha$，而其在此点的切线为直线 $x-\alpha=0$. 至此即可适用前节的方法.

1.4.4　亏格 1 之曲线

不能分解为相异曲线之 n 次平面代数曲线 C_n 不能有多于$\frac{(n-1)(n-2)}{2}$个二重点. 如此曲线 C_n 不能分解，并且有 d 个二重点，则

$$p=\frac{(n-1)(n-2)}{2}-d$$

之差称为此曲线之亏格. 亏格零之曲线为有理曲线，其一点之坐标可作为一参数的有理函数. 其次，简之曲线为亏格 1 之曲线. 此曲线有

$$\frac{(n-1)(n-2)}{2}-1=\frac{n(n-3)}{2}$$

个二重点，兹将下列定理证之.

亏格 1 之曲线上一点的坐标可作为一参数的椭圆函数.

欲证此定理，设 C_{n-2} 为经过 C_n 之$\frac{n(n-3)}{2}$个二重点的 $n-2$ 次曲线. 因为决定 $n-2$ 次曲线需要有$\frac{(n-2)(n+1)}{2}$个点，故此曲线 C_{n-2} 尚与

$$\frac{(n-2)(n+1)}{2}-\frac{n(n-3)}{2}=n-1$$

个任意参数有关.如使曲线 C_{n-2} 再经过 C_n 之 $n-3$ 个任意单点,则得一组与 C_n 有 $\frac{n(n-3)}{2}$ 个共同二重点及 $n-3$ 个单点之伴随曲线.

设 $F(x,y)=0$ 为 C_n 之方程,而

$$f_1(x,y)+\lambda f_2(x,y)+\mu f_3(x,y)=0$$

为此组伴随曲线 C_{n-2} 之方程,其中 λ 与 μ 为两个任意参数,则此组伴随曲线中的一任意曲线只可与 C_n 相交于三个变点,因为每一个二重点按两个单点计算,而

$$n(n-3)+n-3=n(n-2)-3$$

兹命

$$x'=\frac{f_2(x,y)}{f_1(x,y)},\quad y'=\frac{f_3(x,y)}{f_1(x,y)} \tag{62}$$

则当此点 (x,y) 作此曲线 C_n 时,此点 (x',y') 即作一代数曲线 C',其方程可由式(62)与 $F(x,y)=0$ 消去 x 与 y 得之.此两曲线 C' 与 C_n 用双有理变换可有点对点的对应,换言之,即 C_n 上一点之坐标 (x,y) 可用 C' 上一对应点之坐标 (x',y') 作为有理表示.欲证明此理,则只需证明:对 C' 上一点 (x',y') 只有 C_n 上一点与之对应,或此方程(62)连同 $F(x,y)=0$ 只有一组与 (x',y') 重解.

设 C' 上一点与 C_n 上两点 (a,b),(a',b') 成对应,且令此两点不属于以上所采用的单点与二重点,则得

$$\frac{f_1(a',b')}{f_1(a,b)}=\frac{f_2(a',b')}{f_2(a,b)}=\frac{f_3(a',b')}{f_3(a,b)}$$

而此组曲线中所有经过 (a,b) 的曲线将亦经过点 (a',b').此组曲线中经过此两点者仍然随一参变量作线性变化,并与曲线 C_n 只相交在一变点上.故此点之坐标为一参变量的有理函数,而此曲线 C_n 将为有理曲线.

因此,曲线只有$\frac{n(n-3)}{2}$个二重点,故此乃不可能之情形.

因此,对 C' 上一点(x',y')只与 C_n 上一点(x,y)成对应,并由消元理论知,此点之坐标为 x' 与 y' 之有理函数

$$x=\varphi_1(x',y'),y=\varphi_2(x',y') \tag{63}$$

如欲求此曲线 C' 之次数,可求此曲线 C' 与一任意直线

$$ax'+by'+c=0$$

之共同点的个数.这也就是求此曲线 C_n 与曲线

$$af_2(x,y)+bf_3(x,y)+cf_1(x,y)=0$$

之共同点的个数,因为对 C' 上一点只有 C_n 上一点成对应,而且相反的也是如此.但现在只有与 a,b,c 同变的三个交点.因之,曲线 C' 之次数为 3.

总之,曲线 C_n 之一点的坐标可作为一个三次平面曲线之一点的坐标之有理函数.同时,因一个三次平面曲线之一点的坐标为椭圆函数,故 C_n 之一点的坐标亦为椭圆函数.

由此证明及以上对三次平面曲线所得之结果可知:对 C_n 之一点(x,y)只与一周期平行四边形内一个 u 值相应.

设 $x=\psi_1(u),y=\psi_2(u)$ 为所得 x 与 y 之式,则所有与 C_n 有关之阿贝尔积分

$$w=\int R(x,y)\mathrm{d}x$$

用此变量变换都变为椭圆函数之积分.故此积分 w 即用椭圆函数论中之三个函数 p,ζ,σ 表示.

1.5　雅可比椭圆函数

1.5.1　有两单一极点之椭圆函数

以上讲椭圆函数之一般定理时曾证明二阶之两种椭圆函数最为简单,其在每一周期平行四边形内只有一个二重极点之第一种已于 1.3 节述之. 其在每一周期平行四边形内有两单一极点之第二种将开始讲述,此即所谓雅可比椭圆函数.

此函数虽因雅可比而得名,然其大部分理论则由阿贝尔得来. 此函数为椭圆函数论中之老旧者,但在今日仍为一般数学家所采用.

在一些情况中,雅可比函数可化为三角函数,故而为雅可比所首创,且为古德曼与凯莱所修改并表明此两种函数的类似性之符号将被采用.

魏尔斯特拉斯函数之基础为 σ 函数,而雅可比函数之基础则为 θ 函数. σ 与 θ 之差为一指数因式. 由理论的表面来看,将雅可比函数视为 θ 函数之商固甚简单,然以其基本性质之大部分可用极初步之方法得之,故先用初步方法作此函数之研究.

1.5.2　函数 sn u

设 $u(z)$ 为椭圆积分

$$u=\int_0^z \frac{\mathrm{d}z}{\sqrt{(1-z^2)(1-k^2z^2)}} \tag{64}$$

所决定之函数. 当其模 $k=0$ 时,此函数化为

$$u=\int_0^z \frac{\mathrm{d}z}{\sqrt{1-z^2}}=\arcsin z$$

此多值函数 $u=\arcsin z$ 在实用方面远不如其反函数

$z=\sin u$ 那样广泛,如今所设之多值函数 $u(z)$ 亦不如其反函数 $z(u)$ 用处多.稍后即证明此反函数 $z(u)$ 乃一单值二重周期函数.命

$$z=\sin\varphi$$

则式(64)变为

$$u=\int_0^{\varphi}\frac{\mathrm{d}\varphi}{\sqrt{1-k^2\sin^2\varphi}}\tag{65}$$

雅可比曾将 φ 为 u 之函数写为

$$\varphi=\mathrm{am}\ u\tag{66}$$

就是说 φ 等于 u 的辐角.因之

$$z=\sin\varphi=\sin(\mathrm{am}\ u)\tag{67}$$

如 $k=0$,则 $\mathrm{am}\ u$ 变为 u 而 z 变为 $\sin u$.古德曼称此函数 $z=\sin(\mathrm{am}\ u)$ 为模正弦,并保持其与三角函数的类似性而将其写为

$$z=\mathrm{sn}\ u\tag{67'}$$

此函数 $z=\mathrm{sn}\ u$ 有两个周期

$$\begin{cases}4K=2\displaystyle\int_{-1}^{1}\frac{\mathrm{d}z}{\sqrt{(1-z^2)(1-k^2z^2)}}\\2\mathrm{i}K'=2\displaystyle\int_{1}^{\frac{1}{k}}\frac{\mathrm{d}z}{\sqrt{(1-z^2)(1-k^2z^2)}}\end{cases}\tag{68}$$

其比值为虚数.此定积分(64)沿一由原点至点 z 而不经过 $\sqrt{(1-z^2)(1-k^2z^2)}$ 之各分支点

$$z=\pm1,z=\pm\frac{1}{k}$$

的任意路线之值可由以下两式得来

$$\begin{cases}u=U+m4K+m'2\mathrm{i}K'\\u=2K-U+m4K+m'2\mathrm{i}K'\end{cases}\tag{69}$$

其中,U 为其由 $z=0$ 至 z 沿一直路之值,而 m 与 m' 为两个任意或正或负的整数或为零.

由式(64)可知:当 $z=0$ 时,$u=0$,故 $u=0$ 及由式(69)所得各值

$$u=2mK+2m'2\mathrm{i}K' \tag{70}$$

皆为此函数 $z=\operatorname{sn} u$ 的零点,而且皆为一阶零点.因 $(1-z^2)^{-\frac{1}{2}}(1-k^2z^2)^{-\frac{1}{2}}$ 在 $z=0$ 邻近的展开式为

$$\frac{1}{\sqrt{(1-z^2)(1-k^2z^2)}}=1+\frac{1}{2}(1+k^2)z^2+\frac{1}{8}(3+2k^2+3k^4)z^4+\cdots$$

故 u 的展开式为

$$u=z+\frac{1}{6}(1+k^2)z^3+\frac{1}{40}(3+2k^2+3k^4)z^5+\cdots$$

而当 $|z|$ 小于1及 $\frac{1}{|k|}$ 时即可适用.求其反级数即得 $z=\operatorname{sn} u$ 在 $u=0$ 邻近的展开式

$$z=u-\frac{1}{3!}(1+k^2)u^3+\frac{1}{5!}(1+14k^2+k^4)u^5-\cdots \tag{71}$$

由此可见,$u=0$ 为 $z=\operatorname{sn} u$ 的一阶零点,而

$$u=2mK+2m'\mathrm{i}K'$$

亦然.

当 z 为有限值时,u 亦为有限值,已经在上面证明.现在我们要问:当 z 沿一任意路线 l 由 $z=0$ 趋于无限时,u 将趋于何值?兹求之如下:设 $OzCz'O$ 为含 $z=1$,$z=\frac{1}{k}$ 两分支点之积分路线(图8),则此定积分之值为

$$\int_{(ozCz'o)}\frac{\mathrm{d}z}{\sqrt{(1-z^2)(1-k^2z^2)}}$$

$$=\int_0^z \frac{dz}{\sqrt{(1-z^2)(1-k^2z^2)}}+$$
$$\int_{(C)} \frac{dz}{\sqrt{(1-z^2)(1-k^2z^2)}}+$$
$$\int_{z'}^0 \frac{dz}{\sqrt{(1-z^2)(1-k^2z^2)}}$$
$$=2\mathrm{i}K'$$

但此沿 C 之积分当 C 之半径增大至无限时为零，而其他两积分皆趋于

$$\int_0^\infty \frac{dz}{\sqrt{(1-z^2)(1-k^2z^2)}}$$

故得

$$\mathrm{i}K'=\int_0^\infty \frac{dz}{\sqrt{(1-z^2)(1-k^2z^2)}} \tag{72}$$

由此可见，当 $z=\infty$ 时，u 之值为 $\mathrm{i}K'$ 及其由式(69)所得之值

$$\mathrm{i}K'+2mK+2m'\mathrm{i}K' \tag{73}$$

此各 u 值皆为 $z=\operatorname{sn} u$ 之极点，而且皆为一阶极点.

将式(64)写为

$$u=\int_0^\infty \frac{dz}{\sqrt{(1-z^2)(1-k^2z^2)}}+$$
$$\int_\infty^z \frac{dz}{\sqrt{(1-z^2)(1-k^2z^2)}}$$
$$=C+w$$

其中，C 等于式(73)之值. 令 $z=\frac{1}{t}$，则此第二个积分变为

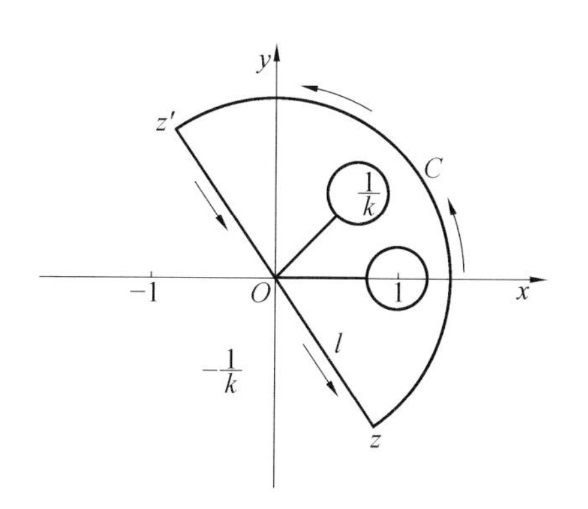

图8

$$w=-\int_0^t \frac{\mathrm{d}t}{(k^2-t^2)(1-t^2)}$$

$$=\int_0^t \frac{1}{k}[-1+c_1t^2+c_2t^4+\cdots]\mathrm{d}t$$

$$=-\frac{1}{k}t+\frac{1}{3}\frac{c_1}{k}t^3+\cdots$$

求其反级数，即得

$$t=w(-k+b_1w+b_2w^2+\cdots)$$

因此，得

$$z=\frac{1}{t}=\frac{1}{u-c}\left[-\frac{1}{k}+d_1(u-c)+d_2(u-c)^2+\cdots\right]$$

而 $u=c=\mathrm{i}K'+2mK+2m'\mathrm{i}K'$ 为 $z=\mathrm{sn}\,u$ 之一阶级点(图9).

此函数 $z=\mathrm{sn}\,u$ 在与$\sqrt{(1-z^2)(1-k^2z^2)}$之分支点 $z=\pm1, z=\pm\frac{1}{k}$ 相当之点 u 邻近为单值解析函数.因若设

$$z-1=t^2$$

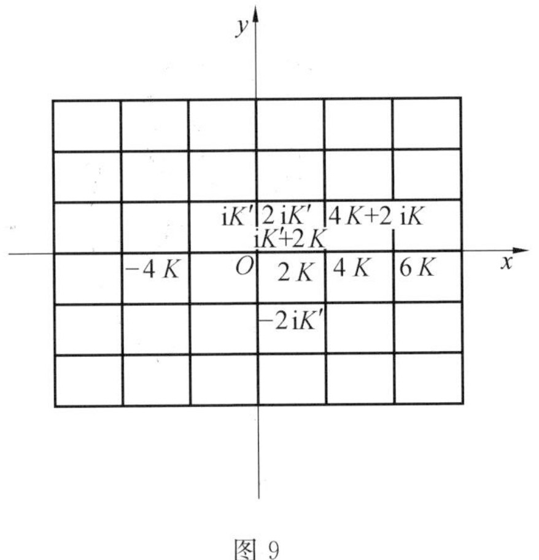

图 9

则

$$\mathrm{d}z = 2t\mathrm{d}t$$

$$\sqrt{(1-z^2)(1-k^2z^2)} = \sqrt{z-1}\sqrt{(z+1)(k^2z^2-1)}$$
$$= t[a_0 + a_1 t + \cdots]$$

$$\frac{1}{\sqrt{(1-z^2)(1-k^2z^2)}} = \frac{1}{t}[b_0 + b_1 t^2 + \cdots]$$

$$\mathrm{d}u = 2(b_0 + b_1 t^2 + \cdots)\mathrm{d}t$$

$$u = c_0 + c_1 t + c_2 t^3 + \cdots, c_1 \neq 0 \qquad (74)$$

$$\mathrm{dn}(u + 2K + 2\mathrm{i}K') = -\mathrm{dn}\ u$$

但

$$\mathrm{dn}(u + 2K + 2\mathrm{i}K') = \mathrm{dn}(u + 2\mathrm{i}K')$$

故 $\mathrm{dn}\ u$ 又以 $4\mathrm{i}K'$ 为周期.

当 $u=0$ 时，$\mathrm{sn}\ u=0$，故由式(81)可得

$$\mathrm{dn}\ 0 = 1$$

如此所得之单值二重周期函数 $\mathrm{dn}\ u$ 亦为雅可比椭圆函数之一.

1.5.3　总论

在下列积分中

$$u=\int_0^z \frac{\mathrm{d}t}{\sqrt{(1-t^2)(1-k^2t^2)}}$$

以 $-z$ 代 z，则 u 之符号亦变，故 $\mathrm{sn}\ u$ 为 u 之奇函数.

因 $\mathrm{sn}(-u)=-\mathrm{sn}\ u$，故由式(79)可得

$$\mathrm{cn}(-u)=\pm\mathrm{cn}\ u$$

但 $\mathrm{cn}\ u$ 为单值函数，故由解析开拓之理需采用一种符号. 在 $u=0$ 之特殊情形中，$\mathrm{cn}\ u$ 为正号，故恒应采用正号. 因之

$$\mathrm{cn}(-u)=\mathrm{cn}\ u$$

而 $\mathrm{cn}\ u$ 为 u 之偶函数.

同理，$\mathrm{dn}\ u$ 亦为 u 之偶函数.

综上所述，可将 $\mathrm{sn}\ u$，$\mathrm{cn}\ u$，$\mathrm{dn}\ u$ 之周期、零点及极点列表如下：

	周　期
$\mathrm{sn}\ u$	$4K,2\mathrm{i}K'$
$\mathrm{cn}\ u$	$4K,2K+2\mathrm{i}K'$
$\mathrm{dn}\ u$	$2K,4\mathrm{i}K'$

	零　点	极　点
$\mathrm{sn}\ u$	$2mK+2m'\mathrm{i}K'$	$2mK+(2m'+1)\mathrm{i}K'$
$\mathrm{cn}\ u$	$(2m+1)K+2m'\mathrm{i}K'$	$2mK+(2m'+1)\mathrm{i}K'$
$\mathrm{dn}\ u$	$(2m+1)K+(2m'+1)\mathrm{i}K'$	$2mK+(2m'+1)\mathrm{i}K'$

1.5.4　$\mathrm{sn}\ u$，$\mathrm{cn}\ u$ 及 $\mathrm{dn}\ u$ 之微分

由以上所述可知，$z=\mathrm{sn}\ u$ 为下列微分方程

$$\frac{\mathrm{d}z}{\mathrm{d}u}=(1-z^2)(1-k^2z^2) \tag{75}$$

之解.因此,可得

$$\frac{\mathrm{d}}{\mathrm{d}u}\mathrm{sn}\ u=\mathrm{cn}\ u\mathrm{dn}\ u \tag{76}$$

求对 u 之导数,并以式(76)代入其结果内,则得

$$\frac{\mathrm{d}}{\mathrm{d}u}\mathrm{cn}\ u=-\mathrm{sn}\ u\mathrm{dn}\ u \tag{77}$$

同理,由式(76)可得

$$\frac{\mathrm{d}}{\mathrm{d}u}\mathrm{dn}\ u=-k^2\mathrm{sn}\ u\mathrm{cn}\ u \tag{78}$$

1.5.5 余模

当 z 由 0 变至 1 时,u 由 0 变至 K. 故由勒让德假设

$$k'=\sqrt{1-k^2} \tag{79}$$

与 $k'\xrightarrow[\text{当 }k\to 0\text{ 时}]{}+1$,可得

$$\begin{cases}\mathrm{sn}\ K=1\\ \mathrm{cn}\ K=0\\ \mathrm{dn}\ K=\sqrt{1-k^2}=k'\end{cases} \tag{80}$$

此数 k' 即称为余模. k' 的引用按勒让德观点亦极自然,因为他曾令 $k=\sin\theta$,故 $\cos\theta$ 就是 k'.

当 z 由 0 变至 $\frac{1}{k}$ 时,u 由 0 变至 $K+\mathrm{i}K'$,故得

$$\begin{cases}\mathrm{sn}(K+\mathrm{i}K')=\dfrac{1}{k}\\ \mathrm{cn}(K+\mathrm{i}K')=\sqrt{1-\dfrac{1}{k^2}}=\pm\dfrac{\mathrm{i}k'}{k}\\ \mathrm{dn}(K+\mathrm{i}K')=0\end{cases} \tag{81}$$

如欲确定此第二式之符号,可令 k 为小于 1 之正实数.

如令 z 作 $Oazb\dfrac{1}{k}$ 路线(图 10),并设 $\sqrt{1-z^2}$ 在 $z=0$ 时有 $+1$ 之值,则 $\sqrt{1-z^2}$ 在 $z=a$ 时为正实数. 命

$$1-z=re^{i(\theta-\pi)}$$

并取 $\sqrt{1+z}$ 之正号,则

$$\sqrt{1-z}=r^{\frac{1}{2}}e^{\frac{1}{2}i(\theta-\pi)}$$

而 $\sqrt{1-z^2}$ 在点 a 为正实数,但 $\sqrt{1-z}$ 在点 b 变为负虚数

$$r^{\frac{1}{2}}e^{-\frac{\pi i}{2}}=-ir^{\frac{1}{2}}$$

故 $\sqrt{1-z^2}$ 在 $z=\dfrac{1}{k}$ 之点亦为负虚数,而在式(81)之第二式中应采用负号.

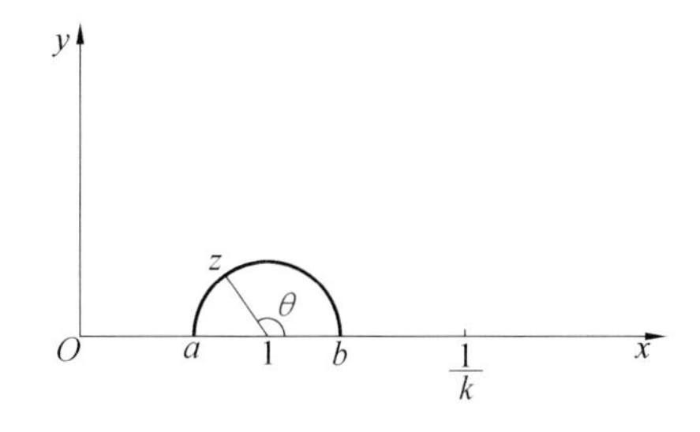

图 10

由上述情形,可将 sn u,cn u,dn u 在

$$u=mK+m'iK'\quad(m,m'=0,1,2,3)$$

各点之值列表如下:

	0	K	$2K$	$3K$
0	0 1 1	1 0 k'	0 -1 1	-1 0 k'

	0	K	$2K$	$3K$
$\mathrm{i}K'$	∞ ∞ ∞	$\frac{1}{k}$ $-\frac{\mathrm{i}k'}{k}$ 0	∞ ∞ ∞	$-\frac{1}{k}$ $\frac{\mathrm{i}k'}{k}$ 0
$2\mathrm{i}K'$	0 -1 -1	1 0 $-k'$	0 1 -1	-1 0 $-k'$
$3\mathrm{i}K'$	∞ ∞ ∞	$\frac{1}{k}$ $\frac{\mathrm{i}k'}{k}$ 0	∞ ∞ ∞	$\frac{1}{k}$ $-\frac{\mathrm{i}k'}{k}$ 0

例如,当 $u=3K+\mathrm{i}K'$ 时,有

$$\mathrm{sn}(3K+\mathrm{i}K')=-\frac{1}{k}$$

$$\mathrm{cn}(3K+\mathrm{i}K')=\frac{\mathrm{i}k'}{k}$$

$$\mathrm{dn}(3K+\mathrm{i}K')=0$$

即第四行第二列之方格内之三值.

1.5.6 凯莱符号

凯莱曾创造一种简便符号以表示雅可比椭圆函数的倒置及除商.将表示椭圆函数之字母次序前后颠倒,即得其倒置的表示符号,例如

$$\begin{cases} \mathrm{ns}\ u = \dfrac{1}{\mathrm{sn}\ u} \\ \mathrm{nc}\ u = \dfrac{1}{\mathrm{cn}\ u} \\ \mathrm{nd}\ u = \dfrac{1}{\mathrm{dn}\ u} \end{cases} \tag{82}$$

将表示分子函数与分母函数之为首字母按次序排列，即得其除商的表示符号，例如

$$\begin{cases} \mathrm{sc}\ u = \dfrac{\mathrm{sn}\ u}{\mathrm{cn}\ u}, \mathrm{sd}\ u = \dfrac{\mathrm{sn}\ u}{\mathrm{dn}\ u}, \mathrm{cd}\ u = \dfrac{\mathrm{cn}\ u}{\mathrm{dn}\ u} \\ \mathrm{cs}\ u = \dfrac{\mathrm{cn}\ u}{\mathrm{sn}\ u}, \mathrm{ds}\ u = \dfrac{\mathrm{dn}\ u}{\mathrm{sn}\ u}, \mathrm{dc}\ u = \dfrac{\mathrm{dn}\ u}{\mathrm{cn}\ u} \end{cases} \tag{83}$$

但古德曼则用雅可比符号 $\tan(\mathrm{am}\ u)$ 的简写 $\mathrm{tn}\ u$ 来表示 $\mathrm{sc}\ u$.

1.5.7　加法公式

设

$$u = \int_1^x \frac{\mathrm{d}x}{x}, v = \int_1^y \frac{\mathrm{d}y}{y}, w = \int_1^{xy} \frac{\mathrm{d}z}{z}$$

则由对数函数之加法公式

$$\log xy = \log x + \log y$$

可得

$$w = u + v$$

或

$$\int_1^{xy} \frac{\mathrm{d}z}{z} = \int_1^x \frac{\mathrm{d}x}{x} + \int_1^y \frac{\mathrm{d}y}{y}$$

设

$$u = \int_0^x \frac{\mathrm{d}x}{\sqrt{1 - x^2}}$$

则其所决定之函数 $u=\arcsin x$ 之反函数 $x=\sin u$ 有以下之加法公式

$$\sin w=\sin(u+v)=\sin u\cos v+\cos u\sin v$$

兹设

$$v=\int_0^y \frac{\mathrm{d}y}{\sqrt{1-y^2}},w=\int_0^z \frac{\mathrm{d}z}{\sqrt{1-z^2}}$$

则由上式可得

$$z=x\sqrt{1-y^2}+y\sqrt{1-x^2} \tag{84}$$

因此,可得

$$\int_0^x \frac{\mathrm{d}x}{\sqrt{1-x^2}}+\int_0^y \frac{\mathrm{d}y}{\sqrt{1-y^2}}=\int_0^{x\sqrt{1-y^2}+y\sqrt{1-x^2}} \frac{\mathrm{d}z}{\sqrt{1-z^2}}$$

若设

$$u=\int_0^x \frac{\mathrm{d}x}{(1-x^2)(1-k^2x^2)}$$

则当 $k=0$ 时,此积分化为以上情形. 欧拉曾证明此椭圆积分亦有一加法公式,换言之,即这两个积分

$$u=\int_0^x \frac{\mathrm{d}x}{\sqrt{(1-x^2)(1-k^2x^2)}}$$

$$v=\int_0^y \frac{\mathrm{d}y}{\sqrt{(1-y^2)(1-k^2y^2)}}$$

之和

$$\int_0^x \frac{\mathrm{d}x}{\sqrt{(1-x^2)(1-k^2x^2)}}+\int_0^y \frac{\mathrm{d}y}{\sqrt{(1-y^2)(1-k^2y^2)}}$$

可用一积分

$$w=\int_0^z \frac{\mathrm{d}z}{\sqrt{(1-z^2)(1-k^2z^2)}}$$

表示. 兹将 z 与 x, y 之关系求之如下:

此微分方程式

$$\frac{\mathrm{d}x}{\sqrt{(1-x^2)(1-k^2x^2)}}+\frac{\mathrm{d}y}{\sqrt{(1-y^2)(1-k^2y^2)}}=0 \tag{85}$$

以

$$\int_0^x \frac{\mathrm{d}x}{\sqrt{(1-x^2)(1-k^2x^2)}}+\int_0^y \frac{\mathrm{d}y}{\sqrt{(1-y^2)(1-k^2y^2)}}=C$$

为其积分. 如果此积分适合以下条件

$$\text{当 } x=0 \text{ 时}, y=z$$

则此积分常数 C 有以下之值

$$C=\int_0^z \frac{\mathrm{d}z}{\sqrt{(1-z^2)(1-k^2z^2)}}$$

根据达布证明, C 之此值尚可如下以求之:

设

$$\mathrm{d}s=\frac{\mathrm{d}x}{\sqrt{(1-x^2)(1-k^2x^2)}}$$

则式(85)变为

$$\mathrm{d}s=\frac{\mathrm{d}y}{\sqrt{(1-y^2)(1-k^2y^2)}}=0$$

或

$$\begin{cases}\dfrac{\mathrm{d}x}{\mathrm{d}s}-\sqrt{(1-x^2)(1-k^2x^2)}\\ \dfrac{\mathrm{d}y}{\mathrm{d}s}=-\sqrt{(1-y^2)(1-k^2y^2)}\end{cases} \tag{86}$$

因之

$$\frac{\mathrm{d}^2x}{\mathrm{d}s^2}=2k^2x^2-(1+k^2)x$$

$$\frac{d^2 y}{ds^2}=2k^2 y^2-(1+k^2)y$$

$$y\frac{d^2 x}{ds^2}-x\frac{d^2 y}{ds^2}=2k^2 xy(x^2-y^2)$$

$$y^2\left(\frac{dx}{ds}\right)^2-x^2\left(\frac{dy}{ds}\right)^2=-(1-k^2x^2y^2)(x^2-y^2)$$

而

$$\frac{y\dfrac{d^2 x}{ds^2}-x\dfrac{d^2 y}{ds^2}}{y^2\left(\dfrac{dx}{ds}\right)^2-x^2\left(\dfrac{dy}{ds}\right)^2}=-\frac{2k^2xy}{1-k^2x^2y^2} \qquad (87)$$

以

$$y\frac{dx}{ds}+x\frac{dy}{ds}$$

乘式(87)两端,得

$$\frac{y\dfrac{d^2 x}{ds^2}-x\dfrac{d^2 y}{ds^2}}{y\dfrac{dx}{ds}-x\dfrac{dy}{ds}}=-\frac{2k^2xy\left(y\dfrac{dx}{ds}-x\dfrac{dy}{ds}\right)}{1-k^2x^2y^2}$$

或

$$\mathrm{dlog}\left(y\frac{dx}{ds}-x\frac{dy}{ds}\right)=\mathrm{dlog}(1-k^2x^2y^2)$$

求其积分,即得

$$\log\left(y\frac{dx}{ds}-x\frac{dy}{ds}\right)=\log(1-k^2x^2y^2)+\log C$$

或

$$y\sqrt{(1-x^2)(1-k^2x^2)}+x\sqrt{(1-y^2)(1-k^2y^2)}$$
$$=C(1-k^2x^2y^2)$$

此即式(85)之一积分.如欲求此常数 C,可令 $x=0$.因之,由以上条件,可得

$$C=z$$

及 z 与 x,y 之关系

$$z=\frac{y\sqrt{(1-x^2)(1-k^2x^2)}+x\sqrt{(1-y^2)(1-k^2y^2)}}{1-k^2x^2y^2} \tag{88}$$

因此,若令

$$w=u+v=\int_0^z \frac{\mathrm{d}z}{\sqrt{(1-z^2)(1-k^2z^2)}}$$

则式(88)写为

$$\mathrm{sn}(u+v)=\frac{\mathrm{sn}\ u\mathrm{cn}\ v\mathrm{dn}\ v+\mathrm{sn}\ v\mathrm{cn}\ u\mathrm{dn}\ u}{1-k^2\mathrm{sn}^2u\mathrm{sn}^2v} \tag{89}$$

或

$$\mathrm{sn}(u+v)=\frac{\mathrm{sn}\ u\frac{\mathrm{d}}{\mathrm{d}v}\mathrm{sn}\ v+\mathrm{sn}\ v\frac{\mathrm{d}}{\mathrm{d}u}\mathrm{sn}\ u}{1-k^2\mathrm{sn}^2u\mathrm{sn}^2v} \tag{89'}$$

此两式即 sn u 的加法公式.

由(79),(81),(89)三式即得 cn u 及 dn u 的加法公式

$$\mathrm{cn}(u+v)=\frac{\mathrm{cn}\ u\mathrm{cn}\ v-\mathrm{sn}\ u\mathrm{dn}\ u\mathrm{sn}\ v\mathrm{dn}\ v}{1-k^2\mathrm{sn}^2u\mathrm{sn}^2v} \tag{90}$$

$$\mathrm{dn}(u+v)=\frac{\mathrm{dn}\ u\mathrm{dn}\ v-k^2\mathrm{sn}\ u\mathrm{cn}\ u\mathrm{sn}\ v\mathrm{cn}\ v}{1-k^2\mathrm{sn}^2u\mathrm{sn}^2v} \tag{91}$$

由式(89),(90),(91)尚可求得以下三公式

$$\mathrm{sn}(u+v)\mathrm{sn}(u-v)=\frac{\mathrm{sn}^2u-\mathrm{sn}^2v}{1-k^2\mathrm{sn}^2u\mathrm{sn}^2v} \tag{92}$$

$$\mathrm{cn}(u+v)\mathrm{cn}(u-v)=\frac{\mathrm{cn}^2v-\mathrm{sn}^2u\mathrm{dn}^2v}{1-k^2\mathrm{sn}^2u\mathrm{sn}^2v} \tag{93}$$

$$\mathrm{dn}(u+v)\mathrm{dn}(u-v)=\frac{\mathrm{dn}^2v-k^2\mathrm{sn}^2u\mathrm{cn}^2v}{1-k^2\mathrm{sn}^2u\mathrm{sn}^2v} \tag{94}$$

1.5.8　K 与 K' 之微分方程

由 1.5.2 可知

$$K=\int_0^{\frac{\pi}{2}}\frac{\mathrm{d}\varphi}{\sqrt{1-k^2\sin^2\varphi}} \tag{95}$$

当 $|k^2|<1$ 时，$(1-k^2\sin^2\varphi)^{-\frac{1}{2}}$ 有以下的展开式

$$(1-k^2\sin^2\varphi)^{-\frac{1}{2}}$$

$$=1+\sum_{n=1}^{\infty}\frac{1\cdot 3\cdot 5\cdot\cdots\cdot(2n-1)}{2\cdot 4\cdot\cdots\cdot 2n}k^{2n}\sin^{2n}\varphi \tag{96}$$

但

$$\int_0^{\frac{\pi}{2}}\sin^{2n}\varphi\,\mathrm{d}\varphi=\frac{1\cdot 3\cdot 5\cdot\cdots\cdot(2n-1)}{2\cdot 4\cdot\cdots\cdot 2n}\,\frac{\pi}{2}$$

故将式(96)代入式(95)，并求其各项之积分，即得

$$K=\frac{\pi}{2}\left\{1+\left(\frac{1}{2}\right)^2k^2+\left(\frac{1\cdot 3}{2\cdot 4}\right)^2k^4+\right.$$

$$\left.\left(\frac{1\cdot 3\cdot 5}{2\cdot 4\cdot 5}\right)^2k^6+\cdots\right\} \tag{97}$$

此乃一超几何级数，可将其写为

$$K=\frac{\pi}{2}F\left(\frac{1}{2},\frac{1}{2},1,k^2\right) \tag{97'}$$

此函数 F 以 $k^2=1$ 为分支点．故若在 k^2 之平面中沿实轴由 1 至 ∞ 作一割口，则 F 在此被割平面中为单值解析函数，并可适用解析开拓之理论．

由 1.5.2 节可知

$$2\mathrm{i}K'=2\int_1^{\frac{1}{k}}\frac{\mathrm{d}x}{\sqrt{(1-x^2)(1-k^2x^2)}}$$

$$=2\mathrm{i}\int_1^{\frac{1}{k}}\frac{\mathrm{d}x}{\sqrt{(x^2-1)(1-k^2x^2)}}$$

$$\begin{cases}\theta_1(v)=2q^{\frac{1}{4}}\sin\pi v\prod_1^\infty(1-q^{2n})(1-2q^{2n}\cos 2\pi v+q^{4n})\\ \theta_2(v)=2q^{\frac{1}{4}}\cos\pi v\prod_1^\infty(1+q^{2n})(1+2q^{2n}\cos 2\pi v+q^{4n})\\ \theta_3(v)=\prod_1^\infty(1-q^{2n})(1+2q^{2n-1}\cos 2\pi v+q^{4n-2})\\ \theta_0(v)=\prod_1^\infty(1-q^{2n})(1-2q^{2n-1}\cos 2\pi v+q^{4n-2})\end{cases}\tag{98}$$

为绝对收敛.由此四个无限乘积所决定之四个整函数,即雅可比所称之四个 θ 函数.

此四个函数彼此间皆有密切关系,例如

$$\begin{cases}\theta_3\left(v+\frac{1}{2}\right)=\theta_0(v)\\ \theta_3\left(v+\frac{\tau}{2}\right)=e^{-\pi iv}q^{-\frac{1}{4}}\theta_2(v)\\ \theta_3\left(v+\frac{1+\tau}{2}\right)=ie^{-\pi iv}q^{-\frac{1}{4}}\theta_1(v)\end{cases}\tag{99}$$

欲证此第一种关系,可设

$$Q=\prod_1^\infty(1-q^{2n})$$

因此,可得

$$\begin{aligned}\theta_3\left(v+\frac{1}{2}\right)&=Q\prod\left\{1+2q^{2n-1}\cos 2\pi\left(v+\frac{1}{2}\right)+q^{4n-2}\right\}\\&=Q\prod(1-2q^{2n-1}\cos 2\pi v+q^{4n-2})\\&=\theta_0(v)\end{aligned}$$

欲证此第二种关系,可将式(99)之第三式写为

$$\theta_3(v)=Q\prod(1+q^{2n-1}e^{2\pi iv})(1+q^{2n-1}e^{-2\pi iv})$$

因此,可得

$$\theta_3\left(v+\frac{\tau}{2}\right)=Q\prod(1+q^{2n-1}\mathrm{e}^{2\pi\mathrm{i}(v+\frac{\tau}{2})})(1+q^{2n-1}\mathrm{e}^{-2\pi\mathrm{i}(v+\frac{\tau}{2})})$$
$$=Q(1+\mathrm{e}^{-2\pi\mathrm{i}v})\prod(1+q^{2n}\mathrm{e}^{2\pi\mathrm{i}v})(1+q^{2n}\mathrm{e}^{-2\pi\mathrm{i}v})$$
$$=Q\mathrm{e}^{-\pi\mathrm{i}v}q^{-\frac{1}{4}}q^{\frac{1}{4}}2\cos\pi v\prod(1+2q^{2n}\cos 2\pi v+q^{4n})$$
$$=q^{-\frac{1}{4}}\mathrm{e}^{-\pi\mathrm{i}v}\theta_2(v)$$

同理,可证此第三种关系及以下各关系

$$\begin{cases}\theta_1\left(v+\frac{1}{2}\right)=\theta_2(v)\\ \theta_1\left(v+\frac{\tau}{2}\right)=\mathrm{i}q^{-\frac{1}{4}}\mathrm{e}^{\pi\mathrm{i}v}\theta_0(v)\\ \theta_1\left(v+\frac{1+\tau}{2}\right)=\mathrm{i}q^{-\frac{1}{4}}\mathrm{e}^{\pi\mathrm{i}v}\theta_3(v)\end{cases}\tag{100}$$

$$\begin{cases}\theta_2\left(v+\frac{1}{2}\right)=-\theta_1(v)\\ \theta_2\left(v+\frac{\tau}{2}\right)=q^{-\frac{1}{4}}\mathrm{e}^{-\pi\mathrm{i}v}\theta_3(v)\\ \theta_2\left(v+\frac{1+\tau}{2}\right)=-\mathrm{i}q^{-\frac{1}{4}}\mathrm{e}^{-\pi\mathrm{i}v}\theta_0(v)\end{cases}\tag{101}$$

$$\begin{cases}\theta_0\left(v+\frac{1}{2}\right)=\theta_3(v)\\ \theta_0\left(v+\frac{\tau}{2}\right)=\mathrm{i}q^{-\frac{1}{4}}\mathrm{e}^{-\pi\mathrm{i}v}\theta_1(v)\\ \theta_0\left(v+\frac{1+\tau}{2}\right)=q^{-\frac{1}{4}}\mathrm{e}^{-\pi\mathrm{i}v}\theta_2(v)\end{cases}\tag{102}$$

采用以上各关系或采用直接方法尚可证明以下各关系

$$\begin{cases}\theta_1(v+1)=-\theta_1(v)\\ \theta_2(v+1)=-\theta_2(v)\\ \theta_3(v+1)=\theta_3(v)\\ \theta_0(v+1)=\theta_0(v)\end{cases}\tag{103}$$

若令

$$x=\frac{1}{\sqrt{1-k'^2u^2}},k'^2=1-k^2$$

则得

$$K'=\int_0^1\frac{\mathrm{d}u}{\sqrt{(1-u^2)(1-k'^2u^2)}}\qquad(104)$$

因而,有

$$K'=\frac{\pi}{2}F\left(\frac{1}{2},\frac{1}{2},1,k'^2\right)\qquad(104')$$

此超几何函数 $F(\alpha,\beta,\gamma,z)$ 适合下列微分方程

$$z(z-1)F''+\{(\alpha+\beta+1)z-\gamma\}F'+\alpha\beta F=0$$

将 $\alpha=\frac{1}{2},\beta=\frac{1}{2},\gamma=1$ 之值代入此式,即得 K 之微分方程

$$z(z-1)\frac{\mathrm{d}^2K}{\mathrm{d}z^2}+(2z-1)\frac{\mathrm{d}K}{\mathrm{d}z}+\frac{1}{4}K=0\qquad(105)$$

其中,$z=k^2$.

同理可证,K' 亦为式(108)之解,不过 $z=k'^2$.

1.5.9　函数 $\theta(v)$

在含有椭圆函数之问题中,当欲求其确切的数量计算时,以采用函数 $\theta(v)$ 最为简便,故就其与椭圆函数的关系来说,函数 $\theta(v)$ 实在值得我们注意.雅可比是研究此函数的第一人,且曾用纯代数方法求得其性质.傅里叶在其所著《解析理论》中亦曾提及此函数.此函数有四种形式,而且此四种形式有不同符号.兹有魏尔斯特拉斯与哈尔方的符号将此四种形式的主要性质及其与椭圆函数的关系求之.

设 $\tau=r+\mathrm{i}s$ 为复数,而 i 之系数为正数,并设

$$q=\mathrm{e}^{\pi\mathrm{i}\tau}\qquad(106)$$

则 $|q|<1$，而以下四种无限乘积

$$\begin{cases}\theta_1(v+\tau)=-q^{-1}e^{-2\pi iv}\theta_1(v)\\ \theta_2(v+\tau)=q^{-1}e^{-2\pi iv}\theta_2(v)\\ \theta_3(v+\tau)=q^{-1}e^{-2\pi iv}\theta_3(v)\\ \theta_0(v+\tau)=-q^{-1}e^{-2\pi iv}\theta_0(v)\end{cases}\tag{107}$$

即以此种结果，此四种 θ 函数称为 v 的拟二重周期函数. v 之增 1 或 τ，即 $\theta_0(v)$ 乘以 1 或 $-q^{-1}e^{-2\pi iv}$，故 1 与 $-q^{-1}e^{-2\pi iv}$ 称为分别与此周期 1 及 τ 相应的乘数或周期因数. v 之增 1 或 τ，即 $\theta_3(v)$ 乘以 1 或 $q^{-1}e^{-2\pi iv}$，故 1 与 $q^{-1}e^{-2\pi iv}$ 为分别与 1 及 τ 相应的乘数或周期因数；v 之增 2 或 τ，即 θ_2 乘以 1 或 $q^{-1}e^{-2\pi iv}$，故 1 与 $q^{-1}e^{-2\pi iv}$ 为分别与 2 及 τ 相应的乘数或周期因数；v 之增 2 或 τ，即 $\theta_1(v)$ 乘以 1 或 $-q^{-1}e^{-2\pi iv}$，故 1 与 $-q^{-1}e^{-2\pi iv}$ 为分别与 2 及 τ 相应的乘数或周期因数.

当表明 θ 与 q 之关系时，可将 $\theta_1(v),\cdots$ 写为

$$\theta_1(v,q),\cdots$$

当表明 θ 与 τ 之关系时，可将其写为

$$\theta_1(v\mid\tau),\cdots$$

此四种 θ 函数，各数学家有不同表示符号，已经在上面说过，兹将其主要者列表如下，其在同一行的符号则代表同一个函数：

雅可比符号	$\theta_1(\pi v)$	$\theta_2(\pi v)$	$\theta_3(\pi v)$	$\theta(\pi v)$
谭乃瑞与牟尔克符号	$\theta_1(v)$	$\theta_2(v)$	$\theta_3(v)$	$\theta_4(v)$
卜里友与布根符号	$\theta_1(\tau v)$	$\theta_2(\tau v)$	$\theta_3(\tau v)$	$\theta(\tau v)$
魏尔斯特拉斯，哈尔方与汉克符号	$\theta_1(v)$	$\theta_2(v)$	$\theta_3(v)$	$\theta_0(v)$
约当，哈克奈斯与莫雷符号	$\theta(v)$	$\theta_1(v)$	$\theta_2(v)$	$\theta_3(v)$

1.5.10　函数 θ 之无穷级数

由前节式(103)的第三式

$$\theta_3(v+1)=\theta_3(v)$$

可知 $\theta_3(v)$ 以 1 为周期，并且可以展为傅里叶级数

$$\theta_3(v)=\sum_{-\infty}^{\infty}a_n \mathrm{e}^{2\pi inv} \tag{108}$$

欲求其系数 a_n 可用式(107)的第三式

$$\theta_3(v+\tau)=q^{-1}\mathrm{e}^{-2\pi iv}\theta_3(v)$$

将上式代入此式，即得

$$\begin{aligned}\theta_3(v+\tau)&=\sum a_n \mathrm{e}^{2\pi in(v+\tau)}\\&=\sum a_n q^{2n}\mathrm{e}^{2\pi inv}\\&=q^{-1}\mathrm{e}^{-2\pi iv}\sum a_n \mathrm{e}^{2\pi inv}\\&=\sum a_n q^{-1}\mathrm{e}^{2\pi i(n-1)v}\end{aligned}$$

比较 $\mathrm{e}^{2\pi inv}$ 的系数，即得

$$a_n q^{2n}=a_{n+1}q^{-1}$$

或

$$a_n=q^{n^2}a_0$$

因之

$$\begin{aligned}\theta_3(v)&=a\sum_{-\infty}^{\infty}q^{n^2}\mathrm{e}^{2\pi inv}\\&=a\left\{1+\sum_{1}^{\infty}q^{ni}(\mathrm{e}^{2\pi inv}+\mathrm{e}^{-2\pi inv})\right\}\\&=a(1+2\sum_{1}^{\infty}q^{n^2}\cos 2\pi nv)\end{aligned}$$

欲求 a，可令 $q=0$. 因此，可得

$$\theta_3(v)=1,a_0=1$$

而以上之四种 θ 函数变为

$$
\begin{cases}
\theta_3(v)=1+2\sum_1^{\infty} q^{n^2}\cos 2\pi n v \\
\qquad =1+2q\cos 2\pi v+2q^4\cos 4\pi v+ \\
\qquad\quad 2q^9\cos 6\pi v+\cdots \\
\theta_2(v)=2\sum_0^{\infty} q^{(n+\frac{1}{2})^2}\cos(2n+1)\pi v \\
\qquad =2q^{\frac{1}{4}}\cos \pi v+2q^{\frac{9}{4}}\cos 3\pi v+ \\
\qquad\quad 2q^{\frac{25}{4}}\cos 5\pi v+\cdots \\
\theta_1(v)=2\sum_0^{\infty}(-1)^n q^{(n+\frac{1}{2})^2}\sin(2n+1)\pi v \\
\qquad =2q^{\frac{1}{4}}\sin \pi v-2q^{\frac{9}{4}}\sin 3\pi v+ \\
\qquad\quad 2q^{\frac{25}{4}}\sin 5\pi v-\cdots \\
\theta_0(v)=1+2\sum_1^{\infty}(-1)^n q^{n^2}\cos 2\pi n v \\
\qquad =1-2q\cos 2\pi v+2q^4\cos 4\pi v- \\
\qquad\quad 2q^9\cos 6\pi v+\cdots
\end{cases}
\tag{109}
$$

由此可见，$\theta_1(v)$ 为 v 之奇函数，而 $\theta_2(v),\theta_3(v),\theta_0(v)$ 为 v 之偶函数.

1.5.11 函数 θ 之零点

由式(96)可知，此四种 θ 函数分别有以下零点

$$
\begin{cases}
\theta_1(v): v=m+n\tau \\
\theta_2(v): v=\left(m+\frac{1}{2}\right)+n\tau \\
\theta_3(v): v=\left(m+\frac{1}{2}\right)+\left(n+\frac{1}{2}\right)\tau \\
\theta_0(v): v=m+\left(n+\frac{1}{2}\right)\tau
\end{cases}
\tag{110}
$$

其中，$m,n=0,\pm 1,\pm 2,\cdots$.

倘欲知其如此，可以 $\theta_3(v)$ 为例证之. 因

$$\begin{aligned}&1+2q^{2n-1}\cos 2\pi v+q^{4n-2}\\=&(1+q^{2n-1}\mathrm{e}^{2\pi\mathrm{i}v})(1+q^{2n-1}\mathrm{e}^{-2\pi\mathrm{i}v})\end{aligned}$$

故若令

$$1+q^{2n-1}\mathrm{e}^{2\pi\mathrm{i}v}=0$$

则得

$$\mathrm{e}^{2\pi\mathrm{i}v}=-\frac{1}{q^{2n-1}}=-\frac{1}{\mathrm{e}^{\pi\mathrm{i}(2n-1)\tau}}$$

因之

$$2\pi\mathrm{i}v=\log(-1)-\pi\mathrm{i}(2n-1)\tau$$

但

$$\log(-1)=\pi\mathrm{i}+2k\pi\mathrm{i}\quad(k=0,\pm 1,\pm 2,\cdots)$$

故

$$v=\left(m+\frac{1}{2}\right)+\left(n+\frac{1}{2}\right)\tau$$

其中，$m,n=0,\pm 1,\pm 2,\cdots$. 从而，$\theta_2(v)$ 的零点就可求得.

由式(109)亦可求得此四种 θ 函数的零点. 例如，由 $\theta_1(v)$ 之级数可知，其零点为 $m+n\tau$，因为其各项在此点都为零(图 11).

此四种 θ 函数除式(110)所表示的各零点外不能有其他零点，兹就 $\theta_1(v)$ 证之如下：

设 C 为以 $v,v+1,v+1+\tau,v+\tau$ 为顶点而不经过 $\theta_1(v)$ 的零点 $m+n\tau$ 之平行四边形，则 $\theta_1(v)$ 在 C 内的零点个数为

$$\frac{1}{2\pi\mathrm{i}}\int_C\frac{\theta_1'(v)}{\theta_1(v)}\mathrm{d}v$$

因为 $\theta_1(v)$ 在 v 平面之有限部分内为正则函数，但

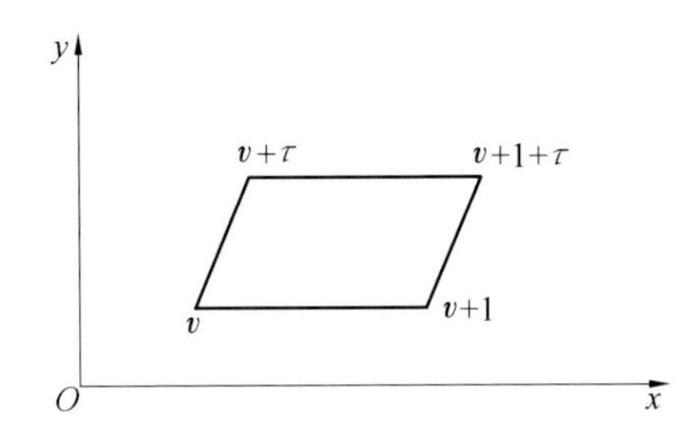

图 11

$$\frac{1}{2\pi i}\int_C \frac{\theta_1'(v)}{\theta_1(v)}dv=\frac{1}{2\pi i}\int_v^{v+1}\frac{\theta_1'(v)}{\theta_1(v)}dv+\frac{1}{2\pi i}\int_{v+1}^{v+1+\tau}\frac{\theta_1'(v)}{\theta_1(v)}dv+$$

$$\frac{1}{2\pi i}\int_{v+1+\tau}^{v+\tau}\frac{\theta_1'(v)}{\theta_1(v)}dv+\frac{1}{2\pi i}\int_{v+\tau}^{v}\frac{\theta_1'(v)}{\theta_1(v)}dv$$

$$=\frac{1}{2\pi i}\int_v^{v+1}\left[\frac{\theta_1'(v)}{\theta_1(v)}-\frac{\theta_1'(v+\tau)}{\theta_1(v+\tau)}\right]dv-$$

$$\frac{1}{2\pi i}\int_v^{v+\tau}\left[\frac{\theta_1'(v)}{\theta_1(v)}-\frac{\theta_1'(v+1)}{\theta_1(v+1)}\right]dv$$

$$=\frac{1}{2\pi i}\int_v^{v+1}2\pi i dv$$

故

$$\frac{1}{2\pi i}\int_C \frac{\theta_1'(v)}{\theta_1(v)}dv=1$$

就是说 $\theta_1(v)$ 在 C 内只有一个一阶零点.

1.5.12 v 为零时之四种 θ 函数

在式(98) 中及式(109) 中令 $v=0$,则得

$$\theta_0=1+2\sum_1^{\infty}(-1)^n q^{n^2}$$

$$=\prod(1-q^{2n})\prod(1-q^{2n-1})^2 \tag{111}$$

$$\begin{aligned}\theta_2&=2\sum_0^{\infty}q^{(n+\frac{1}{2})^2}\\&=2q^{\frac{1}{4}}\prod(1-q^{2n})\prod(1+q^{2n})^2\end{aligned} \tag{112}$$

$$\begin{aligned}\theta_3&=1+2\sum_1^{\infty}q^{n^2}\\&=\prod(1-q^{2n})\prod(1+q^{2n-1})^2\end{aligned} \tag{113}$$

其中，θ_0，θ_2，θ_3 分别表示 $\theta_0(0)$，$\theta_2(0)$，$\theta_3(0)$. 因

$$\theta_1=\theta_1(0)=0$$

故将

$$\begin{aligned}\theta_1(v)&=2q^{\frac{1}{4}}\sin\pi v\prod(1-q^{2n})\prod(1-\\&\qquad 2q^{2n}\cos 2\pi v+q^{4n})\\&=\sin\pi v\varphi(v)\end{aligned}$$

之导数求之. 因此，有

$$\theta_1'(v)=\pi\cos\pi v\varphi(v)+\sin\pi v\varphi'(v)$$

而

$$\theta_1'(0)=\varphi(0)$$

因为当 $v=0$ 时，$\sin\pi v=0$，故得

$$\begin{aligned}\theta_1'&=2\pi\sum_0^{\infty}(-1)^n(2n+1)q^{(n+\frac{1}{2})^2}\\&=2\pi q^{\frac{1}{4}}\prod(1-q^{2n})^3\end{aligned} \tag{114}$$

其中，θ_1' 表示 $\theta_1'(0)$.

复变数 q 之此四种函数 θ_1'，θ_0，θ_2，θ_3，当 $|q|<1$ 时为绝对收敛，在函数论中极为重要，且有一重要公式

$$\theta_1'=\pi\theta_0\theta_2\theta_3 \tag{115}$$

兹证之如下：

由式(111),(112),(113) 三式,得

$$\theta_0\theta_2\theta_3=2q^{\frac{1}{4}}\prod(1-q^{2n})^3(1+q^{2n})^2\cdot(1+q^{2n-1})^2(1-q^{2n-1})^2$$
$$=2q^{\frac{1}{4}}\prod(1-q^{2n})^3\prod(1+q^{2n})^2\cdot(1+q^{2n-1})^2(1-q^{2n-1})^2$$

但

$$\prod(1+q^{2n})(1+q^{2n-1})(1-q^{2n-1})$$
$$=\prod(1+q^{2n})(1-q^{4n-2})$$

而 $2n$ 形状的各整数皆为 $4n-2$ 或 $4n$ 的形状,故

$$\prod(1-q^{2n})=\prod(1-q^{4n})(1-q^{4n-2})$$
$$=\prod(1-q^{4n})\prod(1-q^{4n-2})$$

或

$$\prod(1-q^{4n-2})=\frac{\prod(1-q^{2n})}{\prod(1-q^{4n})}$$

因之

$$\prod(1+q^{2n})(1-q^{4n-2})=\prod\frac{(1+q^{2n})(1-q^{2n})}{1-q^{4n}}$$
$$=\prod\frac{1-q^{4n}}{1-q^{4n}}=1$$

而

$$\theta_0\theta_2\theta_3=2q^{\frac{1}{4}}\prod(1-q^{2n})^3$$

将此式与式(114) 比较,即得式(115).

1.5.13 sn,cn,dn 之另一定义

由此四种 θ 函数可作成 12 个除商

$$\frac{\theta_m(v)}{\theta_n(v)}\quad(m,n=0,1,2,3)$$

其中,六个为其他六个的倒数,而其中三个为其他九个中每两对的乘积,兹就其中的以下三个研究之

$$\frac{\theta_1(v)}{\theta_0(v)},\frac{\theta_2(v)}{\theta_0(v)},\frac{\theta_3(v)}{\theta_0(v)} \tag{116}$$

此三个除商分别以

$$(2,\tau),(2,1+\tau),(1,2\tau) \tag{117}$$

为周期,以其分母之零点为极点,且在以此周期所作之平行四边形内分别有两个一阶极点,故此三个除商为二阶椭圆函数.

兹将

$$q(v)=\frac{\theta_1(v)}{\theta_0(v)}$$

所适合的微分方程式求之. $q(v)$ 的极点为

$$p_1=\frac{\tau}{2},p_2=1+\frac{\tau}{2}$$

故 $\frac{\mathrm{d}q}{\mathrm{d}v}$ 的零点为

$$\frac{1+\tau}{2},1+\frac{1+\tau}{2},\frac{1}{2}+\tau,1+\tau+\frac{1}{2}$$

及其增减一周期之各值. 为求 $q(v)$ 在此各点之值可设

$$\frac{\theta_2}{\theta_3}=\sqrt{k} \tag{118}$$

并用1.5.9之各关系,则有

$$q\left(\frac{1+\tau}{2}\right)=\frac{\theta_3}{\theta_2}=\frac{1}{\sqrt{k}}$$

$$q\left(1+\frac{1+\tau}{2}\right)=-q\left(\frac{1+\tau}{2}\right)=-\frac{1}{\sqrt{k}}$$

$$q\left(\frac{1}{2}+\tau\right)=q\left(\frac{1}{2}\right)=\frac{\theta_2}{\theta_3}=\sqrt{k}$$

$$q\left(1+\tau+\frac{1}{2}\right)=-q\left(\frac{1}{2}\right)=-\sqrt{k}$$

而

$$\left(\frac{\mathrm{d}q}{\mathrm{d}v}\right)^2=C(1-kq^2)(k-q^2)$$

设

$$s=\frac{1}{\sqrt{k}}q=\frac{1}{\sqrt{k}}\frac{\theta_1(v)}{\theta_0(v)} \tag{119}$$

则得

$$\frac{\mathrm{d}s}{\mathrm{d}v}=C\sqrt{(1-s^2)(1-k^2s^2)} \tag{120}$$

欲求 C 的值，由式(119) 可得

$$\frac{\mathrm{d}s}{\mathrm{d}v}=\frac{1}{\sqrt{k}}\frac{\theta_0(v)\theta_1'(v)-\theta_1(v)\theta_0'(v)}{\theta_0^2(v)}$$

命 $v=0$，则得到

$$\left(\frac{\mathrm{d}s}{\mathrm{d}v}\right)_{v=0}=\frac{1}{\sqrt{k}}\frac{\theta_1'}{\theta_0}$$

而式(120) 右端化为 C，故

$$C=\frac{1}{\sqrt{k}}\frac{\theta_1'}{\theta_0}$$

或

$$C=\frac{\theta_3}{\theta_2}\frac{\pi\theta_0\theta_2\theta_3}{\theta_0}=\pi\theta_3^2$$

将 C 之此值代入式(120)，并令

$$u=\pi v\theta_3^2 \tag{121}$$

则得

$$\frac{\mathrm{d}s}{\mathrm{d}u}=\sqrt{(1-s^2)(1-k^2s^2)} \tag{122}$$

当 $v=0$ 时,$u=0$,而 s 亦等于零,故

$$u=\int_0^s \frac{\mathrm{d}s}{\sqrt{(1-s^2)(1-k^2s^2)}}$$

由此可见,s 适为以上所述之函数 $\operatorname{sn} u$. 因之,由式(119) 可得

$$\begin{aligned}\operatorname{sn} u&=\frac{\theta_3}{\theta_2}\cdot\frac{\theta_1(v)}{\theta_0(v)}\\&=\frac{\theta_3}{\theta_2}\cdot\frac{\theta_1(u\pi^{-1}\theta_3^{-2})}{\theta_0(u\pi^{-1}\theta_3^{-2})}\end{aligned}\tag{123}$$

其模 k 就是式(118) 所决定的.

同理,可得

$$\operatorname{cn} u=\frac{\theta_0}{\theta_2}\cdot\frac{\theta_2(v)}{\theta_0(v)}=\frac{\theta_0}{\theta_2}\cdot\frac{\theta_2(u\pi^{-1}\theta_3^{-2})}{\theta_0(u\pi^{-1}\theta_3^{-2})}\tag{124}$$

$$\operatorname{dn} u=\frac{\theta_0}{\theta_3}\cdot\frac{\theta_3(v)}{\theta_0(v)}=\frac{\theta_0}{\theta_3}\cdot\frac{\theta_3(u\pi^{-1}\theta_3^{-2})}{\theta_0(u\pi^{-1}\theta_3^{-2})}\tag{125}$$

于证明此两式即以上所述之函数 cn, dn 以前,兹先将(123),(124),(125) 三式之周期、零点及极点列举于下.

此周期可由(117),(123) 两式得之,如设

$$2K=\pi\theta_3^2,2\mathrm{i}K'=\pi\tau\theta_3^2\tag{126}$$

则此三个函数所有的初对周期分别为:

	周　　期
$\operatorname{sn} u$	$4K,2\mathrm{i}K'$
$\operatorname{cn} u$	$4K,2K+2\mathrm{i}K'$
$\operatorname{dn} u$	$2K,4\mathrm{i}K'$

此三个函数所有的零点及极点分别为：

	零　　点	极　　点
$\mathrm{sn}\,u$	$2mK+2m'\mathrm{i}K'$	$2mK+(2m'+1)\mathrm{i}K'$
$\mathrm{cn}\,u$	$(2m+1)K+2m'\mathrm{i}K'$	$2mK+(2m'+1)\mathrm{i}K'$
$\mathrm{dn}\,u$	$(2m+1)K+(2m'+1)\mathrm{i}K'$	$2mK+(2m'+1)\mathrm{i}K'$

由 1.5.3 可得

$$\begin{cases}\mathrm{sn}(u+2K)=-\mathrm{sn}\,u\\ \mathrm{cn}(u+2K)=-\mathrm{cn}\,u\\ \mathrm{dn}(u+2K)=\mathrm{dn}\,u\end{cases}\tag{127}$$

$$\begin{cases}\mathrm{sn}(u+2\mathrm{i}K')=\mathrm{sn}\,u\\ \mathrm{cn}(u+2\mathrm{i}K')=-\mathrm{cn}\,u\\ \mathrm{dn}(u+2\mathrm{i}K')=-\mathrm{dn}\,u\end{cases}\tag{128}$$

$$\begin{cases}\mathrm{sn}(u+K)=\dfrac{\mathrm{cn}\,u}{\mathrm{dn}\,u}\\ \mathrm{cn}(u+K)=-k'\dfrac{\mathrm{sn}\,u}{\mathrm{dn}\,u},\sqrt{k'}=\dfrac{\theta_0}{\theta_3}\\ \mathrm{dn}(u+K)=\dfrac{k'}{\mathrm{dn}\,u}\end{cases}\tag{129}$$

$$\begin{cases}\mathrm{sn}(u+\mathrm{i}K')=\dfrac{1}{k\mathrm{sn}\,u}\\ \mathrm{cn}(u+\mathrm{i}K')=\dfrac{\mathrm{dn}\,u}{\mathrm{i}k\mathrm{sn}\,u}\\ \mathrm{dn}(u+\mathrm{i}K')=\dfrac{\mathrm{cn}\,u}{\mathrm{isn}\,u}\end{cases}\tag{130}$$

$$\begin{cases}\operatorname{sn}(u+K+\mathrm{i}K')=\dfrac{\operatorname{dn} u}{k\operatorname{cn} u}\\ \operatorname{cn}(u+K+\mathrm{i}K')=-\dfrac{\mathrm{i}K'}{k\operatorname{cn} u}\\ \operatorname{dn}(u+K+\mathrm{i}K')=\dfrac{\mathrm{i}k'\operatorname{sn} u}{\operatorname{cn} u}\end{cases}\tag{131}$$

我们就证明(124),(125)两式是以上所述的函数cn，dn,换言之,即证明其适合以下两式

$$\operatorname{cn}^2 u=1-\operatorname{sn}^2 u\tag{132}$$

$$\operatorname{dn}^2 u=1-k^2\operatorname{sn}^2 u\tag{133}$$

兹将式(133)证之.

由式(127),(128)两式及以上两表可知,此函数$\operatorname{dn}^2 u$以$2K$,$2\mathrm{i}K'$为初对周期,以$K+\mathrm{i}K'$及其增减一周期之各值为二阶零点,以$\mathrm{i}K'$及其增减一周期之各值为二阶极点.但$1-k^2\operatorname{sn}^2 u$与$\operatorname{dn}^2 u$有相同周期,有相同阶的相同零点及相同阶的相同极点,故式(133)两端之差只为一常因数C,如欲确定此常数,可令$u=0$.由此,可得$C=1$.

同理可证式(132).

兹再证明由式(118)与(129)两式所决定之k^2,k'^2适合下列关系

$$k^2+k'^2=1\tag{134}$$

因在式(133)中令$u=K$,则

$$\operatorname{dn}^2 K=1-k^2\operatorname{sn}^2 K\tag{135}$$

但由式(129)

$$\operatorname{dn}^2 K=k'^2,\operatorname{sn}^2 K=1$$

故得式(134).

1.5.14　应用

当此模k给定时,我们就说明如何用函数θ来计算

$K, K', \mathrm{sn}\, u, \cdots$.

由式(111),(113),(129) 可得

$$\sqrt{k'} = \frac{\theta_0}{\theta_3} = \frac{1 - 2q + 2q^4 - 2q^9 + \cdots}{1 + 2q + 2q^4 + 2q^9 + \cdots} \tag{136}$$

如 q 之值很小,则几乎有以下之值

$$\sqrt{k'} = \frac{1 - 2q}{1 + 2q} \tag{137}$$

或

$$q = \frac{1}{2} \frac{1 - \sqrt{k'}}{1 + \sqrt{k'}} \tag{138}$$

为求一更近似之值,可注意

$$2l = \frac{1 - \sqrt{k'}}{1 + \sqrt{k'}} = \frac{\theta_3 - \theta_0}{\theta_3 + \theta_0}$$

$$= 2 \frac{q + q^9 + q^{25} + \cdots}{1 + 2q^4 + 2q^{16} + \cdots} \tag{139}$$

将其右端展为 q 之幂级数,再逆转回来,则得一收敛较快之级数

$$q = l + 2l^5 + 15l^9 + 150l^{13} + \cdots \tag{140}$$

譬如,设 $k^2 = \frac{1}{2}$,则得

$$q = 0.043\ 213\ 9\cdots$$

$$l = 0.043\ 213\ 6\cdots$$

由此可见,式(140) 首项之值与 q 之值有六位小数相同.

当 q 如此求定时,由下式

$$\sqrt{\frac{2K}{\pi}} = \theta_3 = 1 + 2q + 2q^4 + 2q^9 + \cdots \tag{141}$$

即可求到 K. 因

$$1 + \sqrt{k'} = 1 + \frac{\theta_0}{\theta_3}$$

故式(141) 可写为

$$\sqrt{\frac{2K}{\pi}}=\frac{\theta_3+\theta_0}{1+\sqrt{k'}}=2\,\frac{1+2q^4+2q^{16}+\cdots}{1+\sqrt{k'}} \tag{142}$$

此级数比式(141) 收敛较快.

如欲求 K',可用(106),(126) 两式. 由此,即得

$$q=\mathrm{e}^{-\pi\frac{K'}{K}}$$

或

$$K'=\frac{K}{\pi}\log\left(\frac{1}{q}\right)=\frac{1}{2}\theta_3^2\log\left(\frac{1}{q}\right) \tag{143}$$

故此三个函数 $\mathrm{sn}\,u$,$\mathrm{cn}\,u$,$\mathrm{dn}\,u$ 对所给定的 u,k 之值由(123),(124),(125) 三式即可求得.

反之,在

$$z=\mathrm{sn}(u,k)$$

式中如设 z 为已知,以求 u 之值,则由式(125)

$$\mathrm{dn}\,u=\sqrt{k'}\,\frac{\theta_3(v)}{\theta_0(v)},u=2Kv$$

得

$$\begin{aligned}V&=\frac{\sqrt{k'}}{\sqrt{1-k^2z^2}}=\frac{\theta_0(v)}{\theta_3(v)}\\&=\frac{1-2q\cos 2\pi v+2q^4\cos 4\pi v-\cdots}{1+2q\cos 2\pi v+2q^4\cos 4\pi v+\cdots}\end{aligned} \tag{144}$$

采用其第一近似值

$$V-\frac{1-2q\cos 2\pi v}{1+2q\cos 2\pi v}$$

即得

$$\cos 2\pi v=\frac{1}{2}\cdot\frac{1}{q}\,\frac{1-V}{1+V} \tag{145}$$

若求一收敛较快的公式,可设

$$W=\frac{\theta_3(v)-\theta_0(v)}{\theta_3(v)+\theta_0(v)}$$

$$=\frac{\sqrt{1-k^2z^2}-\sqrt{k'}}{\sqrt{1-k^2z^2}+\sqrt{k'}}$$

$$=\frac{2(q\cos 2\pi v+q^9\cos 6\pi v+\cdots)}{1+(2q^4\cos 4\pi v+2q^{16}\cos 8\pi v+\cdots)}$$

采用其第一近似值,即得

$$\cos 2\pi v=\frac{1}{2q}W \tag{146}$$

1.5.15 函数 $\Theta(u)$

因数 θ_3^{-2} 在 sn u 式中的表现有时使我们想起采用雅可比在“Fundamenda nova”上所用的符号. 此函数由下式

$$\Theta_n(u)=\theta_n(v,q)$$

$$=\theta_n\left(\frac{u}{2K},q\right)$$

$$n=0,1,2,3;q=\mathrm{e}^{-\pi\frac{K'}{K}} \tag{147}$$

决定,就是 $\Theta(u)$,其性质可由 θ 得之. 雅可比曾记 $\Theta_0(u)$ 为 $\Theta(u)$,$\Theta_1(u)$ 为 $H(u)$(H 即希腊字母 eta). 但是,我们将不用此符号 H,并将用 Θ 以代 Θ_0. 因此,(123),(124),(125) 三式变为

$$\mathrm{sn}\ u=\frac{1}{\sqrt{k}}\frac{\Theta_1(u)}{\Theta_0(u)} \tag{148}$$

$$\mathrm{cn}\ u=\frac{\sqrt{k'}}{\sqrt{k}}\frac{\Theta_2(u)}{\Theta_0(u)} \tag{149}$$

$$\mathrm{dn}\ u=\sqrt{k'}\frac{\Theta_3(u)}{\Theta_0(u)} \tag{150}$$

而由 1.5.9 中各式可得

$$\begin{cases}\Theta_0(u+K)=\Theta_3(u)\\ \Theta_1(u+K)=\Theta_2(u)\\ \Theta_2(u+K)=-\Theta_1(u)\\ \Theta_3(u+K)=\Theta_0(u)\end{cases}\tag{151}$$

因之

$$\begin{cases}\Theta_0(u+2K)=\Theta_0(u)\\ \Theta_1(u+2K)=-\Theta_1(u)\\ \Theta_2(u+2K)=-\Theta_2(u)\\ \Theta_3(u+2K)=\Theta_3(u)\end{cases}\tag{152}$$

$$\begin{cases}\Theta_0(u+3K)=\Theta_3(u)\\ \Theta_1(u+3K)=-\Theta_2(u)\\ \Theta_2(u+3K)=\Theta_1(u)\\ \Theta_3(u+3K)=\Theta_0(u)\end{cases}\tag{153}$$

$$\begin{cases}\Theta_0(u+4K)=\Theta_0(u)\\ \Theta_1(u+4K)=\Theta_1(u)\\ \Theta_2(u+4K)=\Theta_2(u)\\ \Theta_3(u+4K)=\Theta_3(u)\end{cases}\tag{154}$$

同理,若设

$$\lambda(u)=\mathrm{e}^{\frac{\pi}{4}\frac{K'}{K}-\frac{\pi iu}{2K}}$$

由 1.5.9 即得

$$\begin{cases}\Theta_0(u+\mathrm{i}K')=\mathrm{i}\lambda(u)\Theta_1(u)\\ \Theta_1(u+\mathrm{i}K')=\mathrm{i}\lambda(u)\Theta_0(u)\\ \Theta_2(u+\mathrm{i}K')=\lambda(u)\Theta_3(u)\\ \Theta_3(u+\mathrm{i}K')=\lambda(u)\Theta_2(u)\end{cases}\tag{155}$$

由(151),(153) 两式即得

$$\begin{cases}\Theta_0(u+K+\mathrm{i}K')=\lambda(u)\Theta_2(u)\\ \Theta_1(u+K+\mathrm{i}K')=\lambda(u)\Theta_3(u)\\ \Theta_2(u+K+\mathrm{i}K')=-\mathrm{i}\lambda(u)\Theta_0(u)\\ \Theta_3(u+K+\mathrm{i}K')=\mathrm{i}\lambda(u)\Theta_1(u)\end{cases}\tag{156}$$

若设

$$\mu(u)=\mathrm{e}^{-\frac{\pi\mathrm{i}}{K}(u+\mathrm{i}K')}$$

则得

$$\begin{cases}\Theta_0(u+2\mathrm{i}K')=-\mu(u)\Theta_0(u)\\ \Theta_1(u+2\mathrm{i}K')=-\mu(u)\Theta_1(u)\\ \Theta_2(u+2\mathrm{i}K')=\mu(u)\Theta_2(u)\\ \Theta_3(u+2\mathrm{i}K')=\mu(u)\Theta_3(u)\end{cases}\tag{157}$$

由此可见,Θ_0 与 Θ_1 适合下列函数方程

$$\Phi(u+4K)=\Phi(u)$$

$$\Phi(u+2\mathrm{i}K')=-\mu(u)\Phi(u)$$

而 Θ_2 与 Θ_3 则适合

$$\Phi(u+4K)=\Phi(u)$$

$$\Phi(u+2\mathrm{i}K')=\mu(u)\Phi(u)$$

换言之,即此四个函数 Θ 属于不同的两种函数.

由式(109) 得知,$\Theta_0(u)$,$\Theta_2(u)$,$\Theta_3(u)$ 为偶函数.由式(110) 得知,此四个函数 Θ 分别有以下各零点

$$\begin{cases}\Theta_0(u):m2K+(2n+1)\mathrm{i}K'\\ \Theta_1(u):m2K+n2\mathrm{i}K'\\ \Theta_2(u):(2m+1)K+n2\mathrm{i}K'\\ \Theta_3(u):(2m+1)K+(2n+1)\mathrm{i}K'\end{cases}\tag{158}$$

1.5.16 椭圆函数用 Θ 函数之表示

由下列定理我们可用一任意 Θ 函数表示一椭圆函数:

设 $f(u)$ 为以 $2K,2\mathrm{i}K'$ 为其初对周期之 m 阶椭圆函数，并设

$$a_1,a_2,\cdots,a_m;p_1,p_2,\cdots,p_m$$

为其不相叠合的一组零点及极点，则

$$f(u)=Ce^{-\mu\frac{\pi\mathrm{i}u}{K}}\frac{\Theta_1(u-a_1)\cdots\Theta_1(u-a_m)}{\Theta_1(u-p_1)\cdots\Theta_1(u-p_m)} \quad (159)$$

其中，μ 由阿贝尔关系

$$\Sigma a_n-\Sigma p_n=2\lambda K+2\pi\mathrm{i}K' \quad (160)$$

所决定.

此定理的证明与 1.3.9 之(1) 相同.

例 5　试证下列重要公式

$$\mathrm{sn}^2u-\mathrm{sn}^2v=\frac{\Theta_0^2}{k}\frac{\Theta_1(u+v)\Theta_1(u-v)}{\Theta_0^2(u)\Theta_0^2(v)} \quad (161)$$

其中，v 可视为常数. 为简便起见，将此式写为

$$L(u)=CK(u)$$

证明　因 $L(u)$ 以 $\omega=2K,\omega'=2\mathrm{i}K'$ 为周期，以 $a_1=v_1,a_2=-v$ 为一组不相叠合的零点，而以 $p_1=\mathrm{i}K'=p_2$ 为二重极点，故式(161) 变为

$$\theta-2\mathrm{i}K'=\lambda 2K+\mu 2\mathrm{i}K'$$

因之，$\mu=-1$，而由式(159) 得

$$L=Ce^{\frac{\pi\mathrm{i}u}{K}}\frac{\Theta_1(u-v)\Theta_1(u+v)}{\Theta_1^2(u-\mathrm{i}K')}$$

将 $\Theta_1(u)$ 为 $\Theta_0(u)$ 之式

$$\Theta_1(u)=-\mathrm{i}q^{\frac{1}{4}}e^{\frac{\pi\mathrm{i}u}{2K}}\Theta_0(u+\mathrm{i}K')$$

代入上式，并令 $u=0$，即得此常数 C. 公式得证.

例 6　同理可证下列重要公式

$$1-2k^2\mathrm{sn}^2u\,\mathrm{sn}^2v=\frac{\Theta_0^2\Theta_0(u+v)\Theta_0(u-v)}{\Theta_0^2(u)\Theta_0^2(v)} \quad (162)$$

1.5.17 函数 $Z(u)$

由函数 Θ 尚可求得雅可比的四个函数 Z

$$Z(u)=\frac{\mathrm{d}}{\mathrm{d}u}\log\Theta_n(u)=\frac{\Theta_n'(u)}{\Theta_n(u)}\quad(n=0,1,2,3)\tag{163}$$

雅可比曾将 $Z_0(u)$ 记为 $Z(u)$，我们将要间或采用他的符号，魏尔斯特拉斯所采用的函数 $\zeta(u)$ 即与此函数 $Z(u)$ 有类似情况，此函数 $Z(u)$ 的性质可由其相当的关系 Θ 得之，例如

$$\begin{cases}Z(u+2K)=Z(u)\\ Z(u+2\mathrm{i}K')=Z(u)-\dfrac{\mathrm{i}\pi}{K}\end{cases}\tag{164}$$

由此可见，$\frac{\mathrm{d}z}{\mathrm{d}u}$ 为以 $2K,2\mathrm{i}K'$ 为周期的椭圆函数. 此函数与魏尔斯特拉斯的函数 $p(u)$ 相类似. 稍后即证 $Z'(u)$ 与 $\mathrm{dn}^2(u)$ 之差只为一常数.

求式(162)对 u 之对数导数，即得

$$\begin{aligned}&Z(u+v)+Z(u-v)-2Z(u)\\&=-\frac{2k^2\mathrm{sn}^2v\mathrm{sn}\,u\mathrm{cn}\,u\mathrm{dn}\,u}{1-k^2\mathrm{sn}^2u\mathrm{sn}^2v}\end{aligned}\tag{165}$$

将 u,v 互换，并注意下式

$$Z(-u)=-Z(u)$$

即得

$$\begin{aligned}&Z(u+v)-Z(u-v)-2Z(v)\\&=-\frac{2k^2\mathrm{sn}^2u\mathrm{sn}\,v\mathrm{cn}\,v\mathrm{dn}\,v}{1-k^2\mathrm{sn}^2u\mathrm{sn}^2v}\end{aligned}$$

将此两式相加，即得 $Z(u)$ 之加法公式

$$\begin{aligned}&Z(u+v)-Z(u)-Z(v)\\&=-k^2\mathrm{sn}\,u\mathrm{sn}\,v\mathrm{sn}(u+v)\end{aligned}\tag{166}$$

由 1.5.9 中各式得

$$Z(u+K)=\frac{\Theta_0'(u+K)}{\Theta_0(u+K)}=\frac{\Theta_3'(u)}{\Theta_3(u)}=Z_3(u) \tag{167}$$

$$\begin{aligned}Z(u+\mathrm{i}K')&=\frac{\Theta_0'(u+\mathrm{i}K')}{\Theta_0(u+\mathrm{i}K')}\\&=\frac{\frac{\mathrm{d}}{\mathrm{d}u}[\mathrm{i}\lambda(u)\Theta_1(u)]}{\mathrm{i}\lambda(u)\Theta_1(u)}\\&=\frac{\lambda'(u)}{\lambda(u)}+\frac{\Theta_1'(u)}{\Theta_1(u)}\\&=-\frac{\pi\mathrm{i}}{2k}+Z_1(u)\end{aligned} \tag{168}$$

$$\begin{aligned}Z(u+K+\mathrm{i}K')&=\frac{\Theta_0'(u+K+\mathrm{i}K')}{\Theta_0(u+K+\mathrm{i}K')}\\&=\frac{\frac{\mathrm{d}}{\mathrm{d}u}[\lambda(u)\Theta_2(u)]}{\lambda(u)\Theta_2(u)}\\&=-\frac{\pi\mathrm{i}}{2K}+Z_2(u)\end{aligned} \tag{169}$$

因之

$$\begin{cases}Z(0)=0\\Z(K)=0\\Z(\mathrm{i}K')=\infty\\Z(K+\mathrm{i}K')=-\dfrac{\pi\mathrm{i}}{2K}\\Z(2\mathrm{i}K')=-\dfrac{\pi\mathrm{i}}{2K}\end{cases} \tag{170}$$

1.5.18　厄尔密特公式

1.3.9 中求证厄尔密特公式的方法亦可适用于函

数 Z. 与以前采用相同符号即得厄尔密特另一公式

$$f(u)=A_1^{(1)}Z_1(u-a_1)-A_2^{(1)}Z_1'(u-a_1)+\cdots+\frac{(-1)^{\lambda-1}A_\lambda^{(1)}}{(\lambda-1)!}Z_1^{(\lambda-1)}(u-a_1)+A_1^{(2)}Z_1(u-a_2)-A_2^{(2)}Z_1'(u-a_2)+\cdots+\frac{(-1)^{\mu-1}A_\mu^{(2)}}{(\mu-1)!}Z_1^{(\mu-1)}(u-a_2)+\cdots+C \quad (171)$$

其中,C 为常数.

例 7 试用厄尔密特公式证明下式

$$\mathrm{dn}^2 u=Z'(u)-Z'(K+\mathrm{i}K') \quad (172)$$

证明 因 $\mathrm{dn}\, u$ 之极点为 $2mK+(2m'+1)\mathrm{i}K'$,故可以 $\mathrm{i}K$ 为 a_1,以 $2K+\mathrm{i}K'$ 为 a_2. 因 $Z_1(u)$ 适合下式

$$Z_1(u-2K-\mathrm{i}K')=Z_1(u-\mathrm{i}K')$$

故可只就 $\mathrm{i}K'$ 一点以求之. 由式(130)可得

$$\mathrm{dn}(u+\mathrm{i}K')=\frac{\mathrm{cn}\, u}{\mathrm{isn}\, u}=-\frac{\mathrm{i}}{u}+\cdots$$

因之,$\mathrm{dn}^2 u$ 在 $u=\mathrm{i}K'$ 点邻近的主要部分为 $-\frac{1}{(u-\mathrm{i}K')}$,故在式(171)中

$$A_1^{(1)}=0,A_2^{(1)}=-1$$

从而得

$$\mathrm{dn}^2 u=Z_1'(u-\mathrm{i}K')+C=Z'(u)+C$$

如欲求此常数 C,可令

$$u=K+\mathrm{i}K'$$

并引用

$$\mathrm{dn}(K+\mathrm{i}K')=0$$

如此,即得

$$C=-Z'(K+\mathrm{i}K')$$

上式得证.

例 8　同理可证

$$\frac{1}{\operatorname{sn}^2 u}=Z'(0)-Z'(u+\mathrm{i}K') \tag{173}$$

例 9　试证

$$\frac{1}{\operatorname{sn}^2 u-\operatorname{sn}^2 v}=\frac{1}{\operatorname{sn} v\operatorname{cn} v\operatorname{dn} v}\cdot\left[Z_0(v)+\frac{1}{2}Z_1(u-v)-\frac{1}{2}Z_1(u+v)\right] \tag{174}$$

此式左端之函数以 $u=\pm v$ 及其增减一周期之各值为极点. 如欲求其在 $u=v$ 点之主要部分,可先将其写为

$$\frac{1}{\operatorname{sn}^2 u-\operatorname{sn}^2 v}=\frac{1}{\operatorname{sn} u-\operatorname{sn} v}\cdot\frac{1}{\operatorname{sn} u+\operatorname{sn} v}=\frac{1}{\operatorname{sn} u-\operatorname{sn} v}\cdot\frac{1}{h(u)}$$

令 $u=v+w$,则有

$$\operatorname{sn} u=\operatorname{sn}(v+w)=\operatorname{sn} v+w\operatorname{sn}'v+\cdots$$

$$hu=h(v+w)=h(v)+wh'(v)+\cdots=2\operatorname{sn} v+\cdots$$

因之

$$\frac{1}{\operatorname{sn}^2 u-\operatorname{sn}^2 v}=\frac{1}{w\operatorname{sn}'v+\cdots}\cdot\frac{1}{2\operatorname{sn} v+\cdots}=\frac{1}{2\operatorname{sn} v\operatorname{cn} v\operatorname{dn} v}\cdot\frac{1}{u-v}+P(u-v)$$

其中,$P(u-v)$ 为 $u-v$ 之幂级数,而 $\frac{1}{\operatorname{sn}^2 u-\operatorname{sn}^2 v}$ 在 $u=v$ 点之主要部分为

$$\frac{1}{2\operatorname{sn} v\operatorname{cn} v\operatorname{dn} v}\cdot\frac{1}{u-v}$$

$\frac{1}{\mathrm{sn}^2 u - \mathrm{sn}^2 v}$ 在 $u = -v$ 点之主要部分为上式变为负号之值，故式(171)变为

$$\frac{1}{\mathrm{sn}^2 u - \mathrm{sn}^2 v} = \frac{1}{2\mathrm{sn}\, v\mathrm{cn}\, v\mathrm{dn}\, v}[C + Z_1(u-v) - Z_1(u+v)] \tag{175}$$

在此式中以 $u + \mathrm{i}K'$ 代 u，即得

$$\frac{k^2 \mathrm{sn}^2 u}{1 - k^2 \mathrm{sn}^2 u \mathrm{sn}^2 v} = \frac{1}{2\mathrm{sn}\, v\mathrm{cn}\, v\mathrm{dn}\, v}[C + Z(u-v) - Z(u+v)] \tag{176}$$

如令 $u = 0$，则得

$$C = 2Z(v)$$

将此式代入式(175)即得求证之式(174)；将其代入式(176)，即得下式

$$\frac{k^2 \mathrm{sn}\, v\mathrm{cn}\, v\mathrm{dn}\, v\mathrm{sn}^2 u}{1 - k^2 \mathrm{sn}^2 u\mathrm{sn}^2 v} = Z(v) + \frac{1}{2}Z(u-v) - \frac{1}{2}Z(u+v) \tag{177}$$

1.5.19 用 Θ 函数表示之椭圆积分

设

$$F = \int f(x,y)\mathrm{d}x \tag{178}$$

其中，f 为 x，y 之有理函数，并设

$$y = \sqrt{(1-x^2)(1-k^2x^2)} \tag{179}$$

采用代数运算法，$f(x,y)$ 可写为

$$f(x,y)=\frac{A+By}{C+Dy}$$

其中，A,B,C,D 为 x 之多项式. 将其分子分母都用 $C-Dy$ 乘并加以整理，则得

$$f(x,y)=E+Fy=E+\frac{Fy^2}{y}=E+\frac{G}{y}$$

其中，E,F,G 为 x 之有理函数. 因此，式(178) 写为

$$F=\int E\mathrm{d}x+\int\frac{G}{y}\mathrm{d}x \tag{178'}$$

此式右端的第一个积分可用基本函数表示，在第二个积分中可将 G 写为

$$G=xH(x^2)+L(x^2)$$

其中，H,L 为 x^2 之有理函数. 因之

$$\int\frac{G}{y}\mathrm{d}x=\int H\frac{x\,\mathrm{d}x}{y}+\int L\frac{\mathrm{d}x}{y}$$

在其右端之第一积分中令 $t=x^2$，即得一可用初等函数表示之积分

$$\frac{1}{2}\int H(t)\frac{\mathrm{d}t}{\sqrt{(1-t)(1-k^2t)}}$$

因此，此一般椭圆积分式(178) 化为基本函数与

$$\varphi=\int\frac{L\mathrm{d}x}{y} \tag{180}$$

积分之和.

在式(180) 中作 $x=\mathrm{sn}(u,k)$ 的变数变换，则得

$$\mathrm{d}x=\sqrt{(1-x^2)(1-k^2x^2)}\,\mathrm{d}u=y\mathrm{d}u$$

及

$$\varphi=\int L(x^2)\mathrm{d}u \tag{180'}$$

因 L 为 x^2 之有理函数，故 L 为以 $2K,2\mathrm{i}K'$ 为周期之椭圆函数. 由厄尔密特公式可得

$$L = A_1^{(1)} Z_1(u-a_1) - A_2^{(1)} Z_1'(u-a_1) + \cdots +$$
$$A_1^{(2)} Z_1(u-a_2) - A_2^{(2)} Z_1'(u-a_2) + \cdots + C$$

将此式代入式(180′)并求其积分,即得

$$\varphi = A_1^{(1)} \log \Theta_1(u-a_1) - A_2^{(1)} Z_1(u-a_1) + \cdots +$$
$$A_1^{(2)} \log \Theta_1(u-a_2) - A_2^{(2)} Z_1(u-a_2) + \cdots +$$
$$Cu + D$$

1.5.20 第一类椭圆积分

由 1.4.1 可知,一般椭圆积分可化为勒让德正规形式的三类

$$\int \frac{dx}{\sqrt{(1-x^2)(1-k^2x^2)}}$$

$$\int \frac{\sqrt{1-k^2x^2}}{\sqrt{1-x^2}} dx$$

$$\int \frac{dx}{(1+nx^2)\sqrt{(1-x^2)(1-k^2x^2)}}$$

在此第一类椭圆积分中,令 $x = \text{sn}\, u$,并令其积分极限为 0 与 u,则得

$$\int_0^x \frac{dx}{\sqrt{(1-x^2)(1-k^2x^2)}} = \int_0^u \frac{\text{cn}\, u \text{dn}\, u}{\text{cn}\, u \text{dn}\, u} du$$
$$= \int_0^u du = u + C$$

至于此第二类与第三类椭圆积分将在以下两节中分别述之.

1.5.21 第二类椭圆积分,函数 $E(u)$

在第二类椭圆积分中以 $\text{sn}\, u$ 代 x,并令其积分极限为 0 与 u,则得

$$E(u)=\int_0^x \frac{\sqrt{1-k^2x^2}}{\sqrt{1-x^2}}\mathrm{d}x=\int_0^u \mathrm{dn}^2 u\mathrm{d}u \qquad (181)$$

雅可比称此积分之值为函数 $E(u)$. 如需要表明其模，可将其写为 $E(u,k)$.

由此式可知

$$\frac{\mathrm{d}}{\mathrm{d}u}E(u)=\mathrm{dn}^2 u, E(0)=0 \qquad (182)$$

因 $\mathrm{dn}^2 u$ 为以 $2mK+(2m'+1)\mathrm{i}K'$ 为二重极点之偶函数，故其对此各极点之留数为零，而 $E(u)$ 为以 $\mathrm{dn}\, u$ 的极点为单一极点之单值奇函数. 由式(172) 可得

$$E(u)=Z(u)-uZ'(K+\mathrm{i}K') \qquad (183)$$

为与 K 相对起见，常以 E 表示 $E(K)$，即

$$E=E(K)=\int_0^K \mathrm{dn}^2 u\mathrm{d}u \qquad (184)$$

此积分称为第二类完整积分，而 K 称为第一类完整积分.

仿照 $\mathrm{i}K'$，设

$$\mathrm{i}H=\int_K^{K+\mathrm{i}K'} \mathrm{dn}^2 u\mathrm{d}u$$

如在式(183) 中，令 $u=K$，即得

$$Z'(K+\mathrm{i}K')=-\frac{E}{K}$$

因之

$$E(u)=Z(u)+u\frac{E}{K} \qquad (185)$$

以 $u+2K$，$u+2\mathrm{i}K'$ 及 $K+\mathrm{i}K'$ 分别代 u，并参照(164)，(170) 两式，即得

$$E(u+2K)=E(u)+2E \qquad (186)$$

$$E(u+2\mathrm{i}K')=E(u)+2\mathrm{i}H$$
$$E(K+\mathrm{i}K')=E+\mathrm{i}H \tag{187}$$

由式(172)并参照式(170),可得

$$\begin{aligned}\mathrm{i}H &= \int_K^{K+\mathrm{i}K'} \mathrm{dn}^2 u\mathrm{d}u \\ &= \int_K^{K+\mathrm{i}K'} [Z'(u)-Z'(K+\mathrm{i}K')]\mathrm{d}u \\ &= [Z(u)-uZ'(K+\mathrm{i}K')]_K^{K+\mathrm{i}K'} \\ &= -\frac{\pi \mathrm{i}}{2K}+\frac{EK'\mathrm{i}}{K}\end{aligned}$$

或

$$EK'-HK=\frac{\pi}{2} \tag{188}$$

此乃与式(17)类似之另一勒让德关系.

由式(166)即得第二类椭圆积分之加法公式

$$E(u+v)=E(u)+E(v)-k^2\mathrm{sn}\ u\mathrm{sn}\ v\mathrm{sn}(u+v) \tag{189}$$

如欲求 E,可由式(185)求微分,而得

$$\mathrm{dn}^2 u=Z'(u)+\frac{E}{K}$$

令 $u=0$,即得

$$\begin{aligned}1-\frac{E}{K} &= \frac{\Theta''(0)}{\Theta(0)} \\ &= \frac{2\pi^2}{K^2}\frac{q-4q^4+9q^9-16q^{16}+\cdots}{1-2q+2q^4-2q^9+\cdots}\end{aligned} \tag{190}$$

1.5.22 第三类椭圆积分

勒让德第三类椭圆积分

$$\int \frac{\mathrm{d}x}{(1+nx^2)\sqrt{(1-x^2)(1-k^2x^2)}}$$

与

$$\int \frac{\mathrm{d}x}{(x^2-a^2)\sqrt{(1-x^2)(1-k^2x^2)}} \tag{191}$$

之差仅仅是一个常数. 设

$$x=\mathrm{sn}\, u, a=\mathrm{sn}\, v$$

并设其积分极限为 0 与 u,则上式写为

$$\int_0^u \frac{\mathrm{d}u}{\mathrm{sn}^2 u-\mathrm{sn}^2 v}$$

因之,由式(174) 可得

$$\int_0^u \frac{\mathrm{d}u}{\mathrm{sn}^2 u-\mathrm{sn}^2 v}$$

$$=\frac{1}{\mathrm{sn}\, v\mathrm{cn}\, v\mathrm{du}\, v}\left[uZ(v)+\frac{1}{2}\log\frac{\Theta_1(v-a)}{\Theta_1(v+u)}\right] \tag{192}$$

其中,所取 log 的分支为 $u\to 0$ 时,它等于 1 的那一个. 由此式可知此积分式(191) 如何用此收敛较快的级数 Θ 来求.

雅可比以

$$\prod(u,v)=\int_0^u \frac{k^2\mathrm{sn}^2 v\mathrm{cn}\, v\mathrm{dn}\, v\mathrm{sn}^2 u}{1-k^2\mathrm{sn}^2 u\mathrm{sn}^2 v}\mathrm{d}u \tag{193}$$

为第三类基本椭圆积分. 由式(177) 得

$$\prod(u,v)=uZ(v)+\frac{1}{2}\log\frac{\Theta(v-u)}{\Theta(v+u)} \tag{193'}$$

其中,所取 log 的分支为 $u\to 0$ 时,它等于 1 的那一个.

在式(193′) 中,将 u 与 v 互换,即得

$$\prod(v,u)=vZ(u)+\frac{1}{2}\log\frac{\Theta(v-u)}{\Theta(v+u)} \tag{194}$$

因此,由式(193′)与(194)两式,即得雅可比的变数与参数互换公式

$$\prod(u,v)-uZ(v)=\prod(v,u)-vZ(u) \quad (195)$$

在式(193)中,以 $u+v$ 代 u,并以 a 为参数,即得

$$\prod(u+v,a)=(u+v)Z(a)+\frac{1}{2}\log\frac{\Theta(a-u-v)}{\Theta(a+u+v)}$$

以此式减以 a 为参数的 $\prod(u,a)$ 与 $\prod(v,a)$,即得此第三类椭圆积分之加法公式

$$\begin{aligned}&\prod(u+v,a)-\prod(u,a)-\prod(v,a)\\&=\frac{1}{2}\log\frac{(u+v-a)\Theta(u+a)\Theta(v+a)}{\Theta(u+v+a)\Theta(u-a)\Theta(v-a)}\\&=\frac{1}{2}\log\frac{1+k^2\operatorname{sn}a\operatorname{sn}u\operatorname{sn}v\operatorname{sn}(u+v+a)}{1-k^2\operatorname{sn}a\operatorname{sn}u\operatorname{sn}v\operatorname{sn}(u+v-a)} \quad (196)\end{aligned}$$

此式右端有96种的不同形状(Glaisher, Messenger, X(1881),p. 124).

1.6 雅可比椭圆函数与魏尔斯特拉斯椭圆函数之关系

1.6.1 sn与 p 之关系

以上已分别讲述所适用的两种椭圆函数,兹将此两种函数之间的关系求之. 魏尔斯特拉斯有 $p(u)$, $\sigma(u)$, $\zeta(u)$, $\cdots$, g_2, g_3, $\cdots$,犹如雅可比有 $\operatorname{sn}(u)$, $\theta(u)$, $Z(u)$, $\cdots$, k^2, $\cdots$,都是相类似的,故先就 $p(u)$ 与 $\operatorname{sn} u$ 之间的关系求之.

由1.5.2可知,函数 $z=\operatorname{sn} u$ 为下列微分方程

$$\frac{\mathrm{d}z}{\mathrm{d}u}=\sqrt{(1-z^2)(1-k^2z^2)} \quad (197)$$

之解. 仿照1.3.11,设

$$q=\sigma_{02}(u)=\frac{\sigma(u)}{\sigma_2(u)}=\frac{1}{\sqrt{p(u)-e_2}} \tag{198}$$

为适合下列微分方程

$$\frac{\mathrm{d}q}{\mathrm{d}u}=\sqrt{[1-(e_1-e_2)q^2][1-(e_3-e_2)q^2]}$$

之椭圆函数，且令 e_1,e_2,e_3 适合

$$k^2=\frac{e_3-e_2}{e_1-e_2}$$

而

$$z=\sqrt{e_1-e_2}\,q$$

则 z 适合下列微分方程

$$\frac{\mathrm{d}z}{\mathrm{d}u}=\sqrt{e_1-e_2}\sqrt{(1-z^2)(1-k^2z^2)}$$

再令

$$u=\frac{v}{\sqrt{e_1-e_2}}$$

则得

$$\frac{\mathrm{d}z}{\mathrm{d}v}=\sqrt{(1-z^2)(1-k^2z^2)}$$

因之

$$z=\sqrt{e_1-e_2}\,\sigma_{02}\left(\frac{v}{\sqrt{e_1-e_2}},\omega,\omega'\right)$$

而

$$z=\mathrm{sn}(u,k)=\sqrt{e_1-e_2}\,\sigma_{02}\left(\frac{u}{\sqrt{e_1-e_2}},\omega,\omega'\right) \tag{199}$$

由1.3.11可知，σ_{02} 为 u,ω,ω' 之一次齐次函数，故式(198)写为

$$z=\mathrm{sn}(u,k)=\sigma_{02}(u,\omega\sqrt{e_1-e_2},\omega'\sqrt{e_1-e_2})$$

其周期为

$$4K=4\omega\sqrt{e_1-e_2},2\mathrm{i}K'=2\omega'\sqrt{e_1-e_2}$$

而其零点与极点为

$$2mK+2m'\mathrm{i}K'$$

与

$$2mK+(2m'+1)\mathrm{i}K'$$

其中,m 与 m' 为任意常数.

由式(198) 知,可将式(199) 写为

$$\operatorname{sn}(u,k)=\frac{\sqrt{e_1-e_2}}{\sqrt{p\left(\frac{u}{\sqrt{e_1-e_2}},\omega,\omega'\right)-e_2}} \tag{199'}$$

因之

$$p(u,\omega,\omega')=e_2+\frac{e_1-e_2}{\operatorname{sn}^2(u\sqrt{e_1-e_2},k)} \tag{200}$$

$\operatorname{sn} u$ 既以 $4K,2\mathrm{i}K'$ 为周期,则 $\operatorname{sn}^2 u$ 以 $2K,2\mathrm{i}K'$ 为周期. 设 $p(u)$ 为依此周期所作之函数 p,则

$$p(u),\frac{1}{\operatorname{sn}^2 u} \tag{201}$$

在其共同周期平行四边形内有一个二重极点,而其在 $u=0$ 邻近之主要部分皆为 $\frac{1}{u^2}$. 故此两函数(201) 之差只为一个常数. 如欲求此常数,可将(201) 两函数在 $u=0$ 邻近展为级数,即

$$p(u)=\frac{1}{u^2}+c_2u^2+c_3u^4+\cdots$$

$$\operatorname{sn} u=u\left(1-\frac{1+k^2}{6}u^2+\cdots\right)$$

$$\operatorname{sn}^2 u=u^2\left(1-\frac{1+k^2}{3}u^2+\cdots\right)$$

$$\frac{1}{\mathrm{sn}^2 u}=\frac{1}{u^2}+\frac{1}{3}(1+k^2)+\cdots$$

而比较之,即得

$$p(u)=\frac{1}{\mathrm{sn}^2 u}-\frac{1}{3}(1+k^2) \tag{202}$$

当 p 以 $2\omega,2\omega'$ 为周期,而 sn 以 $4K,2\mathrm{i}K'$ 为周期时,由此式(202) 即得 $p(u)$ 与 $\mathrm{sn}\ u$ 之关系.

因若设

$$\tau=\frac{\omega'}{\omega} \tag{203}$$

并设

$$q=\mathrm{e}^{\pi\mathrm{i}\tau}$$

则得

$$2K=\pi\theta_3^2,2\mathrm{i}K'=2K\tau$$

$$\sqrt{k}=\frac{\theta_2(0,\tau)}{\theta_3(0,\tau)}$$

$$\mathrm{sn}\ u=\frac{1}{\sqrt{k}}\frac{\theta_1\left(\frac{u}{2K},\tau\right)}{\theta_0\left(\frac{u}{2K},\tau\right)}$$

因之,由式(202) 可得

$$p(u)=\frac{K^2}{\omega^2}\left[\frac{1}{\mathrm{sn}^2\frac{Ku}{\omega}}-\frac{1+k^2}{3}\right] \tag{204}$$

求其导数,即得

$$p'(u)=-\frac{2K^3}{\omega^3}\frac{\mathrm{cn}\frac{Ku}{\omega}\mathrm{dn}\frac{Ku}{\omega}}{\mathrm{sn}^3\frac{Ku}{\omega}} \tag{205}$$

1.6.2　e_1,e_2,e_3 与 θ 之关系

在式(204) 中,令 $u=\omega,\omega',\omega''$,则

$$\frac{ku}{\omega} \text{ 变为 } K, \mathrm{i}K', K+\mathrm{i}K'$$

$$p(u) \text{ 变为 } e_1, e_2, e_3$$

$$\frac{1}{\mathrm{sn}^2 \frac{Ku}{\omega}} \text{ 变为 } 1, 0, k^2$$

因之

$$\begin{cases} e_1 = \frac{K^2}{\omega^2} \frac{1+k'^2}{3} \\ e_2 = -\frac{K^2}{\omega^2} \frac{1+k^2}{3} \\ e_3 = \frac{K^2}{\omega^2} \frac{k^2-k'^2}{3} \end{cases} \tag{206}$$

而

$$e_1 + e_2 + e_3 = 0$$

由式(206)可得

$$\begin{cases} e_1 - e_2 = \frac{K^2}{\omega^2} \\ e_1 - e_3 = k'^2 \frac{K^2}{\omega^2} \\ e_3 - e_2 = k^2 \frac{K^2}{\omega^2} \end{cases} \tag{207}$$

故

$$k^2 = \frac{e_3 - e_2}{e_1 - e_2}$$

$$k'^2 = \frac{e_1 - e_3}{e_1 - e_2}$$

将 k^2, k'^2, K 以其为 θ 之函数代入,则得

$$\begin{cases} e_1=\frac{1}{3}\left(\frac{\pi}{2\omega}\right)^2(\theta_3^4+\theta_0^4) \\ e_2=-\frac{1}{3}\left(\frac{\pi}{2\omega}\right)^2(\theta_2^4+\theta_3^4) \\ e_3=\frac{1}{3}\left(\frac{\pi}{2\omega}\right)^2(\theta_2^4-\theta_0^4) \end{cases} \tag{208}$$

及

$$\begin{cases} e_3-e_2=\left(\frac{\pi}{2\omega}\right)^2\theta_2^4 \\ e_1-e_3=\left(\frac{\pi}{2\omega}\right)^2\theta_0^4 \\ e_1-e_2=\left(\frac{\pi}{2\omega}\right)^2\theta_3^4 \end{cases} \tag{209}$$

1.6.3　σ 与 θ 之关系

由1.5.11可知,函数 $\theta_1(v)$ 为只有一次零点

$$m+m'\tau$$

而且适合下式

$$\begin{cases} \theta_1(v+1)=-\theta_1(v) \\ \theta_1(v+\tau)=-q^{-1}\mathrm{e}^{-2\pi i v}\theta_1(v), q=\mathrm{e}^{\pi i\tau} \end{cases} \tag{210}$$

之奇整函数.设 $2\omega,2\omega'$ 为两个周期,且其比值 $\frac{\omega'}{\omega}$ 中i之系数为正数.在 $\theta_1(v)$ 中,以 $\frac{u}{2\omega}$ 代 v,以 $\frac{\omega'}{\omega}$ 代 τ,并设 $\varphi(u)$ 为此函数

$$\varphi(u)=\theta_1\left(\frac{u}{2\omega}\right) \tag{211}$$

则 $\varphi(u)$ 为以 $2w=2m\omega+2m'\omega'$ 各周期为一阶零点之奇整函数,而式(210)变为

$$\begin{cases} \varphi(u+2\omega)=-\varphi(u) \\ \varphi(u+2\omega')=-\mathrm{e}^{-\pi i\left(\frac{u+\omega'}{\omega}\right)}\varphi(u) \end{cases} \tag{212}$$

此种性质与 $\sigma(u)$ 之性质极相近似,因为 $\sigma(u)$ 亦以

$$2w=2m\omega+2m'\omega'$$

为一阶零点而且适合以下两式

$$\begin{cases}\sigma(u+2\omega)=-\mathrm{e}^{2\eta(u+\omega)}\sigma(u)\\ \sigma(u+2\omega')=-\mathrm{e}^{2\eta'(u+\omega')}\sigma(u)\end{cases} \tag{213}$$

如欲将 $\varphi(u)$ 化为 $\sigma(u)$ 以一指数因数乘 $\varphi(u)$ 即可.设

$$\psi(u)=\frac{2\omega}{\theta_1'}\mathrm{e}^{\frac{\eta}{2\omega}u^2}\varphi(u) \tag{214}$$

其中,η 为 1.3.5 中所决定之值.此新函数 $\psi(u)$ 为与 $\varphi(u)$ 有相同零点之一奇整函数.因而式(212)的第一式化为

$$\begin{aligned}\psi(u+2\omega)&=-\frac{2\omega}{\theta_1'}\mathrm{e}^{\frac{\eta}{2\omega}(u+2\omega)^2}\varphi(u)\\&=-\mathrm{e}^{2\eta(u+\omega)}\psi(u)\end{aligned} \tag{215}$$

第二式化为

$$\psi(u+2\omega')=-\frac{2\omega}{\theta_1'}\mathrm{e}^{\frac{\eta}{2\omega}(u+2\omega')^2}\mathrm{e}^{-\frac{\pi\mathrm{i}}{\omega}(u+\omega')}\varphi(u)$$

或(根据公式 $\eta\omega'-\eta'\omega=\frac{\pi\mathrm{i}}{2}$)

$$\psi(u+2\omega')=-\mathrm{e}^{2\eta'(u+\omega')}\psi(u) \tag{216}$$

此两式与 $\sigma(u)$ 的两式(213)相同,故此商 $\frac{\psi(u)}{\sigma(u)}$ 以 $2\omega,2\omega'$ 为周期.因此两函数有相同零点,故此商为常数.但在两函数之展开式中,u 之系数皆为 1,故

$$\sigma(u)=\psi(u)$$

或

$$\sigma(u)=\frac{2\omega}{\theta_1'}\mathrm{e}^{\frac{\eta}{2\omega}u^2}\theta_1\left(\frac{u}{2\omega}\right) \tag{217}$$

此即 $\sigma(u)$ 与函数 θ 之关系.

由1.3.11中式(34)可知

$$\sigma_r(u)=\mathrm{e}^{-\eta_r u}\frac{\sigma(u+\omega_r)}{\sigma(\omega_r)}$$

可得

$$\begin{cases}\sigma_1(u)=\mathrm{e}^{2\eta\omega\left(\frac{u}{2\omega}\right)^2}\dfrac{\theta_2\left(\dfrac{u}{2\omega}\right)}{\theta_2}\\ \sigma_2(u)=\mathrm{e}^{2\eta\omega\left(\frac{u}{2\omega}\right)^2}\dfrac{\theta_0\left(\dfrac{u}{2\omega}\right)}{\theta_0}\\ \sigma_3(u)=\mathrm{e}^{2\eta\omega\left(\frac{u}{2\omega}\right)^2}\dfrac{\theta_3\left(\dfrac{u}{2\omega}\right)}{\theta_3}\end{cases}\tag{218}$$

由此式可得

$$\begin{cases}\mathrm{sn}(u,\tau)=\dfrac{K}{\omega}\dfrac{\sigma\left(\dfrac{\omega u}{K},\omega,\omega'\right)}{\sigma_2\left(\dfrac{\omega u}{K},\omega,\omega'\right)}\\ \mathrm{cn}(u,\tau)=\dfrac{\sigma_1\left(\dfrac{\omega u}{K},\omega,\omega'\right)}{\sigma_2\left(\dfrac{\omega u}{K},\omega,\omega'\right)}\\ \mathrm{dn}(u,\tau)=\dfrac{\sigma_3\left(\dfrac{\omega u}{K},\omega,\omega'\right)}{\sigma_2\left(\dfrac{\omega u}{K},\omega,\omega'\right)}\end{cases}\tag{219}$$

由式(218)得

$$\begin{cases} \operatorname{sn}(v,\tau)=\dfrac{\sqrt{e_1-e_2}}{\sqrt{p(u)-e_2}} \\ \operatorname{cn}(v,\tau)=\dfrac{\sqrt{p(u)-e_1}}{\sqrt{p(u)-e_2}} \\ \operatorname{dn}(v,\tau)=\dfrac{\sqrt{p(u)-e_3}}{\sqrt{p(u)-e_2}} \end{cases} \tag{220}$$

其中

$$u=\frac{v}{\sqrt{e_1-e_2}}$$

模函数

第2章

2.1 等价周期偶

以上讲椭圆函数理论时，曾设两个量或一个量偶 ω 与 ω'，假如其比值 $\frac{\omega'}{\omega}$ 为虚数，则恒可作出一个以 2ω 与 $2\omega'$ 为周期的椭圆函数

$$p(u \mid \omega, \omega')$$

现在，我们要解决一个与其相反的问题，就是：

设有一椭圆函数 $p(u \mid \omega, \omega')$，试求所有量偶 ω_1 与 ω_1'，而使函数

$$p_1(u \mid \omega_1, \omega_1')$$

与 $p(u \mid \omega, \omega')$ 完全相合.

同前一章一样，我们从现在起在此章中提出这样的基本条件：

比值 $\frac{\omega'}{\mathrm{i}\omega}$，$\frac{\omega_1'}{\mathrm{i}\omega_1}$ 的实数部 $\mathrm{Re}\left(\frac{\omega'}{\mathrm{i}\omega}\right)$，$\mathrm{Re}\left(\frac{\omega_1'}{\mathrm{i}\omega_1}\right)$ 基本上为正数.

此种约定对我们的问题来说是无所局限，因若求得所有适应此条件的量偶 ω_1, ω_1'，则量偶 $\omega_1, -\omega_1'$ 的集合在相反的约定 $\mathrm{Re}\left(\frac{\omega_1'}{\mathrm{i}\omega_1}\right) < 0$ 下亦能给出此问题的解答.

现在，我们要求定这些量偶 ω_1, ω_1'. 如 $p_1(u)$ 与 $p(u)$ 相合，则 $p_1(u)$ 的极点 $2\omega_1$ 与 $2\omega_1'$ 当是 $p(u)$ 的极点. 因此，有

$$\begin{cases}\omega_1' = a\omega' + b\omega \\ \omega_1 = c\omega' + d\omega\end{cases} \tag{1}$$

其中，a, b, c, d 为四个整数. 反之，$p(u)$ 的极点 $2\omega, 2\omega'$ 亦当是 $p_1(u)$ 的极点. 因此，需要有

$$\begin{cases}\omega' = a_1\omega_1' + b_1\omega_1 \\ \omega = c_1\omega_1' + d_1\omega_1\end{cases} \tag{2}$$

其中，a_1, b_1, c_1, d_1 为四个新整数. 将式(2)代入式(1)，则无论 ω_1 与 ω_1' 如何皆应完全适合；不然，则由此所得的比值$\frac{\omega_1'}{\omega_1}$ 为实数. 因此，有

$$aa_1 + bc_1 = 1, ab_1 + bd_1 = 0$$
$$ca_1 + dc_1 = 0, cb_1 + dd_1 = 1$$

因之

$$\begin{aligned}1 &= (aa_1 + bc_1)(cb_1 + dd_1) - \\ &\quad (ab_1 + bd_1)(ca_1 + dc_1) \\ &= (ad - bc)(a_1d_1 - b_1c_1)\end{aligned}$$

此两整数 $ad - bc$ 与 $a_1d_1 - b_1c_1$ 的乘积既应等于 1，故需要

$$ad - bc = s = a_1d_1 - b_1c_1 \quad (s^2 = 1)$$

如欲求定 s，可依照我们的基本约定，证明 s 为正数而且等于 1. 令

$$\omega=\alpha+\mathrm{i}\beta,\omega'=\alpha'+\mathrm{i}\beta'$$
$$\omega_1=\alpha_1+\mathrm{i}\beta_1,\omega_1'=\alpha_1'+\mathrm{i}\beta_1'$$

则

$$\mathrm{Re}\left(\frac{\omega'}{\mathrm{i}\omega}\right)=\mathrm{Re}\left[\frac{(\alpha'+\mathrm{i}\beta')(\alpha-\mathrm{i}\beta)}{\mathrm{i}(\alpha^2+\beta^2)}\right]=\frac{\alpha\beta'-\beta\alpha'}{\alpha^2+\beta^2}$$
$$\mathrm{Re}\left(\frac{\omega_1'}{\mathrm{i}\omega_1}\right)=\mathrm{Re}\left[\frac{(\alpha_1'+\mathrm{i}\beta_1')(\alpha_1-\mathrm{i}\beta_1)}{\mathrm{i}(\alpha_1^2+\beta_1^2)}\right]=\frac{\alpha_1\beta_1'-\beta_1\alpha_1'}{\alpha_1^2+\beta_1^2}$$

仿照我们的约定，$\alpha\beta'-\beta\alpha'$ 与 $\alpha_1\beta_1'-\beta_1\alpha_1'$ 将皆为正数．但由式(1)可得

$$\alpha_1'=a\alpha+b\alpha,\beta_1'=a\beta'+b\beta$$
$$\alpha_1=c\alpha'+d\alpha,\beta_1=c\beta'+d\beta$$

因之

$$\begin{aligned}\alpha_1\beta_1'-\beta_1\alpha_1'&=(ad-bc)(\alpha\beta'-\beta\alpha')\\&=s(\alpha\beta'-\beta\alpha')\end{aligned}$$

由此即证明 s 为正数．

兹说明所求得的条件是充分的．设 ω_1 与 ω_1' 为由公式(1)定义的两个量，而式(1)中的 a,b,c,d 为适合下式

$$ad-bc=1\tag{3}$$

的四个整数，兹证此两个函数

$$p(u\mid\omega_1,\omega_1')\text{ 与 }p(u\mid\omega,\omega')$$

为相合．

由式(1)求其对 ω' 与 ω 之解，并参照式(3)即得

$$\begin{cases}\omega'=d\omega_1'-b\omega_1\\\omega=-c\omega_1'+a\omega_1\end{cases}\tag{2'}$$

因由式(1)知，函数 $p_1(u)$ 的所有周期

$$2w_1=2m\omega_1+2n\omega_1'$$

皆为 $p(u)$ 的周期；而由式(2′)知，$p(u)$ 的所有周期亦

皆为 $p_1(u)$ 的周期，故定义 $p(u)$ 与 $p_1(u)$ 的绝对收敛级数含有相同各项，而有不同次序. 因而，其和 $p(u)$ 与 $p_1(u)$ 为全等.

对于函数 $\sigma(u)$ 与 $\zeta(u)$ 显然亦有相同结论. 由此，即得定理如下：

如欲三个等式

$$\sigma(u \mid \omega_1, \omega_1') = \sigma(u \mid \omega, \omega')$$
$$\zeta(u \mid \omega_1, \omega_1') = \zeta(u \mid \omega, \omega')$$
$$p(u \mid \omega_1, \omega_1') = p(u \mid \omega, \omega')$$

的任意一式能够适合，则只需 $\omega, \omega', \omega_1, \omega_1'$ 适合式(1)，而其中的四个整数 a, b, c, d 适合式(3).

因此，函数 $\sigma(u), \zeta(u), p(u)$ 的求定有不同的基础，可由周期 $2\omega, 2\omega'$ 起始，亦可由周期 $2\omega_1, 2\omega_1'$ 起始. 这样的原始周期偶 (ω, ω') 与 (ω_1, ω_1') 即称为等价.

2.2　等价平行四边形网

兹用几何方法说明级数 $p(u)$ 与 $p_1(u)$ 为全等：

依照周期 $2\omega, 2\omega'$ 所作的平行四边形网与依照周期 $2\omega_1, 2\omega_1'$ 所作的平行四边形网皆有相同顶点.

此外，平行四边形网 $(2\omega_1, 2\omega_1')$ 的各平行四边形面积等于平行四边形网 $(2\omega, 2\omega')$ 的各平行四边形面积.

因平行四边形 $(0, 2\omega, 2\omega + 2\omega', 2\omega')$ 的面积等于 $4(\alpha\beta' - \beta\alpha')$ 的正数，而平行四边形 $(0, 2\omega_1, 2\omega_1 + 2\omega_1', 2\omega_1)$ 的面积等于 $4(\alpha_1\beta_1' - \beta_1\alpha_1')$ 的正数，故此，两平行四边形的面积相等. 然为说明其有相同符号，可注意按 $0, 2\omega, 2\omega + 2\omega', 2\omega', 0$ 次序及 $0, 2\omega_1, 2\omega_1 + 2\omega_1', 2\omega_1', 0$ 次序画其周界时都是把平行四边形面积留在其左

边.

2.3　绝对不变量 J

当我们以等价周期 $2\omega_1$ 与 $2\omega_1'$ 代替周期 2ω 与 $2\omega'$ 时，函数 $p(u \mid \omega,\omega')$ 的不变量 $g_2(\omega,\omega')$ 与 $g_3(\omega,\omega')$ 不改变数值，因为此种代换在定义 g_2 与 g_3 的绝对收敛级数中仅仅改变了各项的次序，而且这也说明我们把它命名为不变量的合理.

引用周期的比值

$$\tau = \frac{\omega'}{\omega}$$

则有

$$2w = 2m\omega + 2n\omega' = 2\omega(m + n\tau)$$

$$g_2 = \frac{15}{4\omega^4}\sum{}' \frac{1}{(m+n\tau)^4}$$

$$g_3 = \frac{35}{16\omega^6}\sum{}' \frac{1}{(m+n\tau)^6}$$

此关系说明 g_2 与 g_3 分别为周期的 -4 次与 -6 次的齐次函数，因而 $g_2^3 : g_3^2$ 为 0 次的齐次函数. 设 J 为适合公式

$$\frac{g_2^3}{g_3^2} = 27\,\frac{J}{J-1}$$

之数，则得

$$J - \frac{g_2^3}{g_2^3 - 27g_3^2} = \frac{g_2^3}{\Delta}$$

由此可见，J 犹如 $g_2^3 : g_3^2$，只与周期的比值有关，且若此判别式 Δ 不为零，则 J 恒为有限.

跟随克莱因，我们把此函数称为绝对不变量，此种命名适合两种情况：

(1) 当 λ 任意变化时,$J(\tau)$ 对椭圆函数集合 $p(u \mid \lambda\omega,\lambda\omega')$ 来说显然保持相同数值;

(2) 当我们以两等价周期 $2\omega_1'$ 与 $2\omega_1$ 的比值 τ_1 代替 $\tau=\frac{\omega'}{\omega}$ 时,$J(\tau)$ 的值不变.

2.4 函数 $J(\tau)$ 在正半平面中为正则

兹先证明不变量 $J(\tau)$ 在 $s<y<s^{-1}$(s 为一任意小正数)所决定的区域$(\overline{w})$内为变数 $\tau=x+\mathrm{i}y$ 的正则函数.

因级数

$$\frac{g_2'}{60}=\sum{}'\frac{1}{(m+n\tau)^4} \text{ 与 } \frac{g_3'}{140}=\sum{}'\frac{1}{(m+n\tau)^6}$$

在$(\overline{w})$内皆为正则,故函数 $J(\tau)$ 只可当

$$\Delta=(2\omega)^{-12}(g_2'^3-27g_3'^2)\equiv(2\omega)^{-12}\Delta'$$

在$(\overline{w})$内为零时不为正则,但此只有 Δ' 为零时方能实现. 然以 τ 属于$(\overline{w})$内,故可求得一函数 $p(u \mid 1,\tau)$ 而使此判别式 $2^{-12}\Delta'$ 不为零. 因之,$J(\tau)$ 在$(\overline{w})$内为正则. 简单地说,函数 $J(\tau)$ 在正半平面$(\overline{w})$内为正则.

2.5 $J(\tau)$ 之基本性质

兹将函数 $J(\tau)$ 的基本性质求之:

当 τ 与 τ_1 为正半面的两点时,如欲 $J(\tau_1)=J(\tau)$,则只需要 τ 与 τ_1 有关系

$$\tau_1=\frac{a\tau+b}{c\tau+d} \tag{4}$$

其中 a,b,c,d 为适合 $ad-bc=1$ 的四个整数.

此条件是必要的:如 τ 与 τ_1 都属于正半平面$(\overline{w})$,则可求得两椭圆函数 $p(u \mid 1,\tau)$ 与 $p(u \mid 1,\tau_1)$,其不变

量偶可用 g_2, g_3 与 g_2^1, g_3^1 分别表示.但等式

$$J(\tau_1) = J(\tau)$$

联系着

$$\frac{(g_2^1)^3}{(g_3^1)^2} = \frac{g_2^3}{g_3^2} \tag{5}$$

并且不能同时有 $g_2 = 0 = g_3$(否则 Δ 将为零),故可由关系

$$g_2^1 = \lambda^2 g_2$$

求得一辅助量 λ,并由式(5) 得知上式对 λ 的一解适合

$$g_3^1 = \lambda^3 g_3$$

令 $\mu = \lambda^{\frac{1}{2}}$,则由于 $p(u)$ 的齐次关系,函数 $p(u \mid \mu, \mu\tau_1)$ 将以 $g_2' = \lambda^{-2} g_2^1 = g_2$ 与 $g_3' = g_3$ 为其不变量;此函数既与 $p(u \mid 1, \tau)$ 有相同不变量,故此两函数相合.因等式

$$p(u \mid \mu, \mu\tau_1) = p(u \mid 1, \tau)$$

联系着下列形状的两式

$$\begin{cases} \mu\tau_1 = a\tau + b \\ \mu = c\tau + d \end{cases} \tag{6}$$

其中 a, b, c, d 为四整数而其行列式为 1,故由式(6) 即得我们要证明的式(4).

此条件是充分的:如此条件适合,则可由式(6) 求得一值 μ;此两函数 $p(u \mid \mu, \mu\tau_1)$ 与 $p(u \mid 1, \tau)$ 既要全等,又要有相同不变量偶,故其绝对不变量 $J(\tau)$ 与 $J(\tau_1)$ 亦要相等.

此定理对于函数 $J(\tau)$ 在正半平面中的研究极为重要.

2.6　线性代换

设 $\alpha, \beta, \gamma, \delta$ 为适合

$$\alpha\delta-\beta\gamma\neq 0$$

的四个或实或虚的数，并令

$$\tau_1=\frac{\alpha\tau+\beta}{\gamma\tau+\delta} \tag{7}$$

对 τ 的此种运算称为线性代换，我们将用符号

$$\begin{pmatrix}\alpha & \beta\\ \gamma & \delta\end{pmatrix}$$

表示，或者为简明起见我们用一个字母，例如 S 表示，并将其写为

$$\tau_1=S\tau$$

如 τ_1 与 τ 相合，我们就说 τ 为此代换的一个二重点. $\alpha\delta-\beta\gamma$ 为此代换的判别式；因此判别式不为零，故 τ_1 正好是变数 τ 的函数. 由式(7) 求其对 τ 的解，得

$$\tau=\frac{\delta\tau_1-\beta}{-\gamma\tau_1-\alpha}$$

或

$$\begin{pmatrix}\delta & -\beta\\ -\gamma & \alpha\end{pmatrix}$$

此种代换称为 S 的反代换，兹以符号 S^{-1} 表示，因而可将其写为

$$\tau=S^{-1}\tau_1$$

设 S' 为代换 $\begin{pmatrix}\alpha' & \beta'\\ \gamma' & \delta'\end{pmatrix}$，$\tau_2=S'\tau_1$，求 τ_2 与 τ 的关系，即得

$$\tau_2=S'(S\tau)=S''\tau$$

其中

$$S''=\begin{pmatrix}\alpha'\alpha+\beta'\gamma & \alpha'\beta+\beta'\delta\\ \gamma'\alpha+\delta'\gamma & \gamma'\beta+\delta'\delta\end{pmatrix}$$

我们要用 $S'S$ 表示此代换，并将其称为以 S' 乘 S

之积.同时不难证明 $S'S$ 的行列式即 S 的行列式与 S' 的行列式之积.

同理可定义为以 S 乘 S' 之积有以下之式

$$SS' = \begin{pmatrix} \alpha\alpha' + \beta\gamma' & \alpha\beta' + \beta\delta' \\ \gamma\alpha' + \delta\gamma' & \gamma\beta' + \delta\delta' \end{pmatrix}$$

在一般情形中,此代换与 $S'S$ 不同,故在代换的符号相乘中我们一般没有颠倒因数次序的权利。相反的,代换的乘积乃是一种联合运算,我们很易看到

$$S''(S'S) = (S''S')S$$

因此,我们可以去掉其括弧,并以 $S''S'S$ 表示以上的运算.

假设有多个相邻代换之积互相重合,我们将用符号 $S^2, S^3, \cdots$ 来代替 $SS, SSS, \cdots$,并且更普遍地用 S^n 来代替 n 个 S 之积;同理,S^{-n} 即代表 S^{-1} 的 n 次乘方.因此,将此结果用之于 τ,则代换 $S^{-1}S$(或 SS^{-1})为全等,这种情况我们称为单位代换或全等代换.事实上,无论此整数 m, n 如何,符号 S 是适合下列关系的

$$S^m S^n = S^{m+n}$$

2.7　模　　群

由定义,如有限个或无限个已知代换 $S_1, S_2, \cdots, S_v, \cdots$ 的集合中任意一个的反代换与任意两个的乘积仍为此集合中的一个,则

$$S_v\tau = \frac{\alpha_v\tau + \beta_v}{\gamma_v\tau + \delta_v}$$

组成一群.τ 与 $S_v\tau$ 的对应点对于此群则称为等价.如一群的 h 个代换中无一个能用只含其他代换的符号乘积来表示,则此 h 个代换称为彼此独立的.如一群的所

有代换都能与只含群中 k 个独立代换 $S_1,S_2,\cdots,S_k$ 所作的乘积为恒等，我们就说：此群由此 k 个代换 S_1，$S_2,\cdots,S_k$ 得来，并且称它为群的基本代换.

由另一周期平行四边形内的同位点

$$u+2m\omega+2n\omega'$$

代 u 的代换

$$\begin{pmatrix}1 & 2m\omega+2n\omega' \\ 0 & 1\end{pmatrix}$$

组成一群 Ω，其基本代换为

$$\begin{pmatrix}1 & 2\omega \\ 0 & 1\end{pmatrix} 与 \begin{pmatrix}1 & 2\omega' \\ 0 & 1\end{pmatrix}$$

同理，代换(4) 组成一群 Γ，因为其反代换

$$\begin{pmatrix}d & -b \\ -c & a\end{pmatrix}$$

的系数为整数，而且适合式(3)；再者，如 S 与 S' 为集合(4) 的两个代换，则 SS' 的行列式仍等于 1.

我们称此代换为模代换，并称其群 Γ 为模群. 我们将看到此群由两个基本代换

$$U\tau=\tau+1,V\tau=-\frac{1}{\tau}$$

得来.

由于此新概念的采用，我们把 2.5 节的定理重述如下：

用模群的所有代换，而且只用此代换，函数 $J(\tau)$ 是不变的.

总起来说，是：

函数 $J(\tau)$ 属于模群之中.

同理，函数 $p(u)$ 属于代换群

$$Su = \pm u + 2m\omega + 2n\omega'$$

之中，而函数偶$[p(u), p'(u)]$则属于群

$$Su = u + 2m\omega + 2n\omega' \qquad (*)$$

之中.

一般来说，对于所有线性代换群，在一些条件下，我们都能使其与一函数偶成对应.

2.8　模群之基本区域

以上讲椭圆函数理论时，曾说明以下两种情形：

(1) 我们可以把复平面分为平行四边形网，而此网是由其中的任意一个平行四边形，例如 P，用代换$(*)$推广而成的，并且所有平面内的点由于关系$(*)$只与 P 的一点为等价.

(2) 为知一椭圆函数在全平面内的情况，只知其在一平行四边形内的情况就足够了.

同样，现在我们要证明：

(1′) 我们可以把正半平面分为曲线三角形网，而此网是由其中的任意一个曲线三角形，例如 $\mathscr{C}$，用模群 Γ 的代换推广而成的，并且所有半平面内的点由于关系 Γ 只与 $\mathscr{C}$ 的一点为等价.

(2′) 为知此函数 $J(\tau)$ 在全正半平面内情况，只知其在此三角形中的一个内的情况就足够了.

现在我们先从一个三角形 $\mathscr{C}$ 开始画，这个三角形就有以上的性质. 因此，我们称 $\mathscr{C}$ 为模群的基本区域.

在正半平面中$(\tau = x + \mathrm{i}y, y > 0)$，我们的三角形 $\mathscr{C}$ 将以两条直线

$$2x = \pm 1, 2y \geqslant \sqrt{3}$$

与圆

$$x^2+y^2=1,4x^2<1$$

的弧为界限. 此三角形对于 Oy 为对称；其一顶点在 Oy 的方向为无限；其他两个为点 $l=\mathrm{e}^{\frac{\pi i}{3}}$ 与 $l'=\mathrm{e}^{\frac{2\pi i}{3}}=l-1$；其三个对应角为 $0,\frac{\pi}{3}$ 与 $\frac{\pi}{3}$. 至于 $\mathscr{C}$ 之周界上的点，如其适合 $x\geqslant 0$，我们就把它看做属于 $\mathscr{C}$，而在相反情形中，我们就把它看做不属于 $\mathscr{C}$.

在此（图 12）之上我们表示了三角形 $\mathscr{C}$ 以及用代换 $U,U^{-1},V,VU,VU^{-1},VU^{-1}V,UV,VUV$ 由其所得的三角形；三角形 VU 与 VU^{-1} 的顶点为

$$VU:0,\frac{l-2}{3}=\frac{-3+\mathrm{i}\sqrt{3}}{6},l'=\frac{-1+\mathrm{i}\sqrt{3}}{2}$$

$$VU^{-1}:0,l=\frac{1+\mathrm{i}\sqrt{3}}{2},\frac{l+1}{3}=\frac{3+\mathrm{i}\sqrt{3}}{6}$$

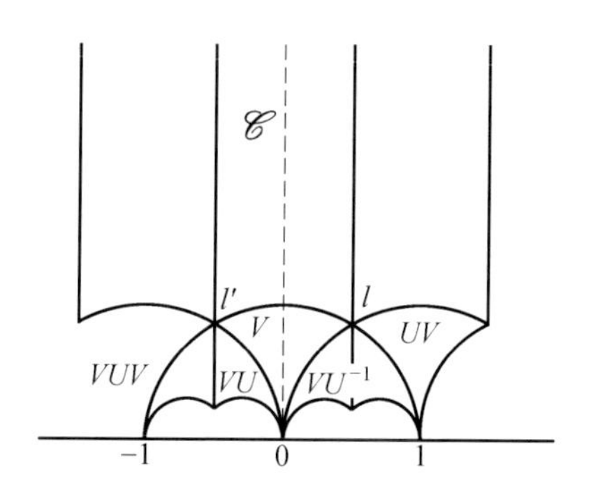

图 12

现在，我们需要说明 $\mathscr{C}$ 正好是模群的一个基本区域. 为此，我们要证明以下各定理：

定理 1 三角形 $\mathscr{C}$ 的两个相异点对于 Γ 不能为等价.

假设在三角形 $\mathscr{C}$ 内的两个点

$$\tau = x + \mathrm{i}y \text{ 与 } \tau' = x' + \mathrm{i}y'$$

上可用模群的代换

$$S = \begin{pmatrix} a & b \\ c & d \end{pmatrix}$$

彼此互变，则得

$$y' = \frac{y}{D}$$

与

$$\begin{aligned} D &= (cx + d)^2 + c^2 y^2 \\ &= c^2(x^2 + y^2 - 1) + \\ &\quad 8cd(2sx + 1) + \\ &\quad c^2 - scd + d^2 \qquad (8) \\ &\quad s^2 = 1 \end{aligned}$$

如 cd 不为零，此符号 s 方可存在，并且在此种情形中，我们选定 s 来使 scd 为正数. 因 c 与 d 为正数，故

$$\begin{aligned} c^2 - scd + d^2 &= \left(d - \frac{sc}{2}\right)^2 + \frac{3c^2}{4} \\ &= \left(c - \frac{sd}{2}\right)^2 + \frac{3d^2}{4} \end{aligned}$$

除去 $c^2 = 0$ 或 1 与 $d^2 = 0$ 或 1 之外，大于 1. $c = 0 = d$ 既然都不采用，故恒有

$$c^2 - scd + d^2 \geqslant 1$$

此等式则只可在以下三种情形中成立：

(i) $c^2 = 0, d^2 = 1$；

(ii) $c^2 = 1, d^2 = 0$；

(iii) $c^2 = 1, d^2 = 1 (scd > 0)$.

再者，如 τ 属于三角形 $\mathscr{C}$，则得

$$x^2 + y^2 - 1 > 0, 2sx + 1 > 0$$

如 τ 在 $\mathscr{C}$ 的周界上(即其横坐标为不小于 0),此两个不等式之一将变为一个等式. 将此施用在式(8) 上,则恒有 $D \geqslant 1$,因而,$y' \leqslant y$,而等式则只可在以下三种情形之一中成立:

(iv)$c^2=0, d^2=1$,$S\tau$ 呈 $\tau'=\tau+b$ 之形状;

(v)$c^2=1, d^2=1$,而 τ 在 $x^2+y^2-1=0$ 上;

(vi)$c^2=1, d^2=1$,而 τ 与顶点 l(l' 不属于 $\mathscr{C}$) 相合.

此第一种假设联系着 $x'=x+b$;因三角形 $\mathscr{C}$ 的两点在 $\mathscr{C}$ 的两条直线边上(对 Oy 为对称),故此两点横坐标之差的极大值等于 1. 因而,其中仅有一个属于 $\mathscr{C}$. 因此,必须有 $b=0$,而 S 化为恒等代换.

现在设 $c \neq 0$,并将以上方法施用在反代换

$$S^{-1}=\begin{pmatrix} d & -b \\ -c & a \end{pmatrix}$$

之上,则得条件 $y \leqslant y'$,其等式则只可在(v)($c^2=1$, $a=0,\cdots$) 与(vi)($c^2=1, a^2=1,\cdots$) 两种情形中成立.

此种结果说明:如 τ 与 τ' 为等价,则得 $y'=y$,而且以下四种情形之一将实现:

(ii,v)—— 我们有 $c^2=1, d=0=a$;S 仅仅是代换 $\tau'=V\tau\left(=-\dfrac{1}{\tau}\right)$;再者,$\tau$ 与 τ' 是在 $x^2+y^2=1$ 边上. 因为当它们对于 Oy 为对称时,代换 V 就将它们作为互相变换. 但此两点中只有一点属于 $\mathscr{C}$,故此种情形不能实现. 如 τ 与 τ' 在 $\tau=\mathrm{i}$ 上,他们就与 V 的一个二重点(属于 $\mathscr{C}$) 相合.

(v,iii)—— 在此种情形中,我们有

$$c^2=1=d^2, a=0, \tau=\frac{1}{2}+\frac{\mathrm{i}\sqrt{3}}{2}=l, s=-1$$

由此

$$cd < 0$$

而 S 写为

$$\sum = \begin{pmatrix} 0 & 1 \\ -1 & 1 \end{pmatrix}$$

因之，$\tau' = l = \tau$，τ 和 τ' 与 Σ 的一个二重点（属于 $\mathscr{C}$）相合.

(ii − vi)—— 同理可得 S 之式

$$\sum{}' = \begin{pmatrix} 1 & -1 \\ 1 & 0 \end{pmatrix}$$

并且应当有 $\tau' = l = \tau$. 因 $\Sigma' = \Sigma^{-1}$，故此结果与以上结果基本上无差异.

(iii − vi)—— 我们不难看到

$$S = \begin{pmatrix} 1 & 0 \\ s & 1 \end{pmatrix}$$

与

$$\tau = -\frac{s}{2} + \frac{\mathrm{i}\sqrt{3}}{2}, \tau' = \frac{s}{2} + \frac{\mathrm{i}\sqrt{3}}{2}$$

τ 与 τ' 为 $\mathscr{C}$ 的两个不同顶点，但其中的一个属于 $\mathscr{C}$，故此种情况不能实现.

由此，定理即完全成立，并由其证明得到以下结果：

没有一个模代换（不恒等的）能在 $\mathscr{C}$ 内有二重点.

$\mathscr{C}$ 的周界上对于 Oy 为对称的两点在模上为等价.

定理 2　如 τ 在 $\mathscr{C}$ 之外，则恒可求得 $\mathscr{C}$ 的一点与 τ 为等价.

如 $\tau = x + \mathrm{i}y$ 在

$$4x^2 < 1 \qquad (**)$$

地带之外，则恒有一个或正或负的整数 n_1，用代换

$$U^{n_1}\tau=\tau+n_1$$

可使 τ 位于（* *）之内或位于（* *）之边界上. 设 $\tau_1=U^{n_1}\tau$，如 τ_1 属于 $\mathscr{C}$，此定理即为证明. 否则，令

$$\tau_1=x_1+\mathrm{i}y_1$$

作

$$\tau_1'=V\tau_1=-\tau_1^{-1}$$

并用代换 U^{n_2} 可使 τ_1' 位于（* *）内，此种方法显然为一般方法：假设我们已经确定（* *）之点 $\tau_p=x_p+\mathrm{i}y_p$，如 τ_p 不属于 $\mathscr{C}$，则可求得一指数 n_{p+1}，而使

$$\tau_{p+1}=U^{n_{p+1}}V\tau_p$$

属于式（* *）. 在此假设下，我们将要证明：在有限次运算以后，即可求得属于 $\mathscr{C}$ 的一点（设此点为 τ_q）.

假设无论 p 如何，我们恒有

$$x_p^2+y_p^2<\frac{1}{3}$$

τ_{p+1} 的纵坐标 y_{p+1} 等于 $V\tau_p$ 的纵坐标. 换言之，即等于 $\dfrac{y_p}{x_p^2+y_p^2}$. 由此，有

$$y_{p+1}>3y_p>3^2y_{p-1}>\cdots>3^py_1=3^py$$

但若 y 不为零（换言之，即 τ 不为实数），则恒可求得一个足够大的整数 p，而使

$$3y_{p+1}^2>1$$

此结果与我们的假设不合.

不必承认：对于 p 的某一值 p'，可有

$$|\tau_p'|\geqslant\frac{1}{\sqrt{3}}$$

但 $\tau_{p'}$ 属于三角形 VU,V,VU^{-1} 之一的内部或边界上，而且点 $U^{-1}V\tau_{p'}$，$V\tau_{p'}$ 或 $UV\tau_{p'}$ 之一属于 $\mathscr{C}$ 的内部或边

界上.因此,我们可以求得一模代换 S,而使 $S\tau$ 属于 $\mathscr{C}$.

系　兹设点 $S\tau$ 在 $\mathscr{C}$ 的内部,并证明 S 是唯一的.因若尚有满足问题的第二个 S',则 $\mathscr{C}$ 的等价点 $S\tau$ 与 $S'\tau$ 相合.而代换 $S'S^{-1}$ 在 $\mathscr{C}$ 内将以点 $S\tau$ 为二重点,故此代换化为单位代换,并有 $S=S'$.

定理3　模群由基本代换 U 与 V 得来.

设 τ 为 $\mathscr{C}$ 内任一点,S 为任一模代换.由施于点 $S\tau$ 的定理2,则恒可求得一列整数 $n_1,n_2,\cdots,n_q$(n_1 与 n_q 可以为零),而使点

$$\tau'=U^{n_q}VU^{n_{q-1}}\cdots U^2VU^{n_1}S\tau\quad(\equiv S_1\tau)$$

属于 $\mathscr{C}$ 的内部或边界上.但 τ 在 $\mathscr{C}$ 内,故需其等价点 τ' 与之相合.因而,S_1 以 τ 为二重点,并且化为单位代换,故可将其写为

$$S=U^{-n_1}V\cdots U^{-n_{q-1}}VU^{-n_q}$$

因此,独立代换 U 与 V 正好为 Γ 的基本代换.

2.9　对 $J(\tau)$ 之应用

以上所证的定理联系着一些重要结果.首先,由定理2的证法说明:用代换 U 与 V 的配合由 $\mathscr{C}$ 所得的三角形网将遮盖正半平面($\overline{w}$)的任一点.其次,由定理3说明:以上变换用尽了模群 Γ 的所有变换.最后,由定理2的系说明:网的两个三角形不能部分地互相遮盖.

以上所作的网称为模网,此网毫无遗漏地、无重复地遮盖了正半平面,联系于群 Ω 的周期平行四边形网在全平面中亦有此种性质.所以,我们可以说:$\mathscr{C}$ 正好为模群的一基本区域.因此,网的任意一个三角形都可以代 $\mathscr{C}$ 为基本三角形.

如 τ 属于由 $\mathscr{C}$ 用 S 变化成的网的三角形,则点

$S^{-1}\tau$ 属于 $\mathscr{C}$,并有

$$J(\tau)=J(S^{-1}\tau)$$

故函数 $J(\tau)$ 在 $\mathscr{C}$ 内的情况得知时,其在 $(\overline{w})$ 内的情况亦即得知,并且我们还可以说:$\mathscr{C}$ 为 $J(\tau)$ 的基本区域.因此,我们研究了函数 $J(\tau)$ 在区域 $\mathscr{C}$ 内的情况就足够了.

兹将函数 $J(\tau)$ 在其基本区域内的情况研究之.

定理 4 方程 $J(\tau)-a=0$ 在三角形 $\mathscr{C}$ 内至多有一个根.

因等式 $J(\tau')=J(\tau)$ 需要 τ' 与 τ 对于 Γ 为等价,故此定理变为定理 1 的直接结果.

我们还可以说:如方程 $J(\tau)-a=0$ 在 $\mathscr{C}$ 的边界上一点 τ 适合,则此方程在 τ 对 Oy 的对称点亦能适合.

定理 5 在对虚轴为对称的两点 τ 与 τ',函数 $J(\tau)$ 有两共轭虚数.

设 g_2,g_3 为函数 $p(u\mid 1,\tau)$ 的不变量,g_2',g_3' 为函数 $p(u\mid 1,\tau')$ 的不变量,并设

$$\tau=x+\mathrm{i}y,\tau'=-x+\mathrm{i}y$$

决定 g_2 与 g_3 的级数即为绝对收敛,故可将其写为

$$\begin{aligned}16g_3=&35\sum_{m=1}^{+\infty}\sum_{n=-\infty}^{+\infty}[(m+nx+n\mathrm{i}y)^{-6}+\\&(-m+nx+n\mathrm{i}y)^{-6}]+\\&2(x+\mathrm{i}y)^{-6}\sum_{n=-\infty}^{+\infty}n^{-6}\\=&35\sum_{m=1}^{+\infty}\sum_{n=-\infty}^{+\infty}[(m+nx+n\mathrm{i}y)^{-6}+\\&(m-nx-n\mathrm{i}y)^{-6}]+\\&2(x+\mathrm{i}y)^{-6}\sum_{n=-\infty}^{+\infty}n^{-6}\end{aligned}$$

同理可得

$$16g_3' = 35\sum_{m=1}^{+\infty}\sum_{n=-\infty}^{+\infty}[(m-nx+niy)^{-6}+(m+nx-niy)^{-6}]+2(x-iy)^{-6}\sum_{n=-\infty}^{+\infty}n^{-6}$$

故 g_3 与 g_3' 为共轭虚数. 同理,g_2 与 g_2' 亦然. 因此,$J(\tau)$ 与 $J(\tau')$ 亦然.

定理 6　在三角形 $\mathscr{C}$ 中,函数 $J(\tau)$ 只在半虚轴上与三角形的边界上为实数.

仍设 $\tau = x+iy$,$J(\tau)$ 既为实数又与其共轭量相合,故有

$$J(x+iy) = J(-x+iy)$$

因此,此两点 $x+iy$,$-x+iy$(此第二点可在 $\mathscr{C}$ 之外)对于 Γ 应当相合或者等价. 由定理 4 即得此定理.

定理 7　函数 $J(\tau)$ 适合方程

$$J(i)=1 \text{ 与 } J\left(\frac{\pm 1+i\sqrt{3}}{2}\right)=0$$

先设 $\tau = i$,或 $\omega' = i\omega$. 在齐次公式中(前一章式(23))令 $\lambda = i$,得

$$p(iu \mid i\omega, i\omega') = -p(u \mid \omega, \omega')$$

但现在 $\omega' = i\omega$,故

$$p(iu \mid i\omega, i\omega') = p(iu \mid i\omega, -\omega)$$

此最后一函数如同以 ω 与 $i\omega = \omega'$ 为周期所求得的一样. 因而,对于 $\tau = i$,我们可以写为

$$p(iu) = -p(u) \tag{9}$$

在式(9)的两端中,以函数 p 的展开式(前一章式(4))代 p,并将其含 u^4 的项加以比较,则得 $g_3 = 0$. 因

而，$J(\mathrm{i})=1$.

现在令 $\tau=\frac{1+\mathrm{i}\sqrt{3}}{2}=l$ 或 $\omega'=l\omega$. 因 $l^2=-l^{-1}$，故由齐次公式得

$$p(lu \mid l\omega, l^2\omega)=-lp(u \mid \omega, l\omega)$$

但 $l^2\omega=l\omega-\omega$，故

$$p(lu \mid l\omega, l^2\omega)=p(lu \mid \omega, l\omega)$$

而对于 $\tau=l$，得

$$p(lu)=-lp(u) \tag{10}$$

求此两函数在点 $u=0$ 邻近的展开式，并比较其含 u^2 的各项，得 $g_2=0$. 由此，$J(l)=0$，故

$$J\left(\frac{-1+\mathrm{i}\sqrt{3}}{2}\right)=J(l)=0$$

注 我们说，公式(9)或(10)对于函数

$$p(u \mid \omega, \tau\omega) \quad (\tau=\mathrm{i} \text{ 或 } l)$$

组成一个复数乘法公式.

2.10 基本等式

设 τ 为正半平面的一点. 由一任意量偶 $\omega, \omega'=\tau\omega$ 作出函数 $p(u \mid \omega, \omega')$ 与 $\sigma(u \mid \omega, \omega')$，同时作出以 $2K=2\omega$ 与 $2\mathrm{i}K'=2\omega'$ 为周期的四个函数 $\Theta_0, \Theta_1, \Theta_2, \Theta_3$，并设

$$e_1=p(\omega), e_2=p(\omega'), e_3=p(\omega+\omega')$$

这些量都适合方程式

$$4y^3-g_2y-g_3=0$$

兹将基本等式

$$\left[\frac{\Theta_1(K)}{\Theta_0(K)}\right]^4=\frac{e_3-e_2}{e_1-e_2} \tag{11}$$

求之. 由前一章式(144)及式(75)得

$$\frac{\Theta_1(K)}{\Theta_0(K)}=\sqrt{k}\,\mathrm{sn}\,K=\sqrt{k}$$

由前一章式(203)得

$$\frac{e_3-e_2}{e_1-e_2}=k^2$$

因此,有基本等式

$$\left[\frac{\Theta_1(K)}{\Theta_0(K)}\right]^4=\frac{e_3-e_2}{e_1-e_2}$$

为深刻研究函数 $J(\tau)$ 在三角形 $\mathscr{C}$ 内的情况,必须研究此函数在此三角形的第三个顶点 $\tau=\mathrm{i}\infty$ 邻近的情况. 为此,我们将依靠此等式将 $J(\tau)$ 作为 k^2 的函数.

2.11　$J(\tau)$ 为 k^2 的函数之式

因

$$\frac{e_3-e_2}{e_1-e_2}=k^2$$

故

$$\begin{aligned}1-k^2+k^4&=1-k^2(1-k^2)\\&=1-\frac{(e_3-e_2)(e_1-e_3)}{(e_1-e_2)^2}\\&=\frac{e_1^2+e_2^2+e_3^2-(e_2e_3+e_3e_1+e_1e_2)}{(e_1-e_2)^2}\\&=\frac{(e_1+e_2+e_3)^2-3(e_2e_3+e_3e_1+e_1e_2)}{(e_1-e_2)^2}\\&=\frac{3g_2}{4(e_1-e_2)^3}\end{aligned}$$

因此,得出

$$\begin{aligned}J(\tau)&=\frac{g_2^3}{g_2^3-27g_3^2}\\&=\frac{g_2^3}{16(e_2-e_3)^2(e_3-e_1)^2(e_1-e_2)^2}\end{aligned}$$

$$=\frac{4}{27}\frac{(1-k^2+k^4)^3}{\left(\frac{e_3-e_2}{e_1-e_2}\right)^2\left(\frac{e_1-e_3}{e_1-e_2}\right)^2}$$

故得

$$J(\tau)=\frac{4}{27}\frac{(1-k^2+k^4)^3}{k^4(1-k^2)^2} \tag{12}$$

2.12 $J(\tau)$ 在 $\tau=\mathrm{i}\infty$ 邻近之展开

因 $q=\mathrm{e}^{\pi\mathrm{i}\tau}$，故 $J(\tau)$ 在 $\tau=\mathrm{i}\infty$ 邻近的展开式即其在 $q=0$ 邻近的展开式. 由前一章式(96)与式(143)得

$$\Theta_1(K)=2q^{\frac{1}{4}}\prod_1^\infty(1-q^{2n})(1+q^{2n})^2=2q^{\frac{1}{4}}\sum_0^\infty q^{n^2+n}$$

$$\Theta_0(K)=\prod_1^\infty(1-q^{2n})(1+q^{2n-1})^2=1+2\sum_1^\infty q^{n^2}$$

当 $|q|<1$ 时，此级数代表 q 的正则函数. 因此，由式(11)得

$$k^2=16q\left(\frac{1+q^2+q^6+\cdots}{1+2q+2q^4+\cdots}\right)^4$$

$$=16q\left[\frac{(1+q^2)(1+q^4)\cdots}{(1+q)(1+q^3)\cdots}\right]^8 \tag{13}$$

将此式代入式(12)，则知 $J(\tau)$ 以 $q=0$ 为二次极点，即

$$J(\tau)=\frac{1}{1\ 728q^2}(1+c_1q^2+c_2q^4+\cdots)$$

$$\equiv\frac{1}{1\ 728q^2}f(q)$$

其中，$f(q)$ 当 $|q|<1$ 时为正则，而且各系数皆为整数.

2.13 $J(\tau)$ 之实值

现在我们研究当 τ 变化时，$J(\tau)$ 的实值的变化. 当

τ 由点 $\tau=\mathrm{i}$ 沿弧 $|\tau|=1$ 至点 $\tau=l$ 时，$J(\tau)$ 为实值（定理 6），并且逐渐地由 1 变到 0（定理 7）. 否则，在此弧上将有对于 Oy 不成对称的两点，而在此两点上 $J(\tau)$ 将有相同之值. 由定理 1，这是不可能的情形.

假设 τ 由 $\tau=l$ 画 $2x=1$ 的一边时，$J(\tau)$ 先为零，然后开始下降. 否则，它在此边上所取的值等于它在先前边上的值. 由定理 1，这也是不可能的. 故当 τ 沿 $2x=1$ 的一边无穷远离时，$J(\tau)$ 即逐渐下降以至 $-\infty$.

当 τ 由 $\tau=\mathrm{i}$ 沿虚轴无穷远离时，$J(\tau)$ 即由 1 无穷增大至 $+\infty$（图 13）.

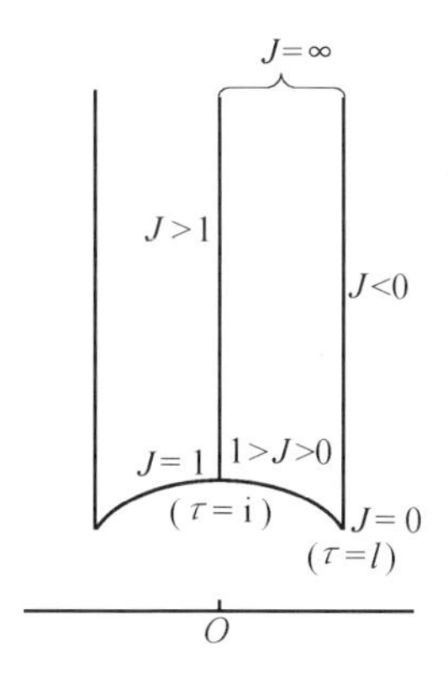

图 13

定理 8　方程 $J(\tau)-a=0$（其中 a 为虚数）在 $\mathscr{C}$ 内恒有一根而且只有一根.

a 既已给定，则可求得一个足够大的正数 M，能使 x 由 $\frac{1}{2}$ 下降到 $-\frac{1}{2}$ 时，y 停留在等于 M，而点

$$J'-a=\frac{1}{1\,728}(\mathrm{e}^{-2\pi\mathrm{i}\tau}+c_1)-a\quad(\tau=x+\mathrm{i}y)$$

在正方向作一个包含原点在内的圆周(其半径为$\frac{e^{2\pi M}}{1\ 728}$).但当$y$够大时,$|J-J'|$为任意小;如果增大$M$,则可设点$J(\tau)-a$在相同条件下所作的封闭路线$\Gamma$亦包含原点在内.

设

$$\alpha=\frac{1}{2}+\mathrm{i}M,\alpha'=-\frac{1}{2}+\mathrm{i}M$$

并令τ作封闭路线

$$C=\alpha'l'\mathrm{i}l\alpha\alpha'$$

当τ沿边界的一部$\alpha'l'\mathrm{i}l\alpha$移动时,点$J(\tau)-a$由$J(\alpha)-a$起始,在相反方向画平行于实轴的一段直线两次而重回其原值.当τ由α'变至α时,$J(\tau)-a$在正方向画路线Γ(图 14).

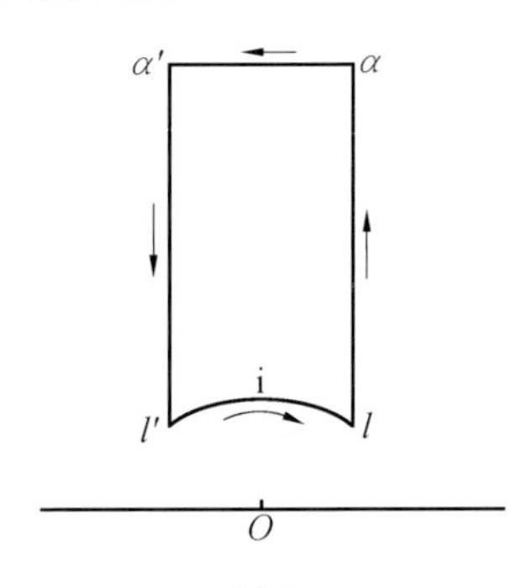

图 14

当τ画路线C时,$J(\tau)-a$的幅角将增加2π.如令

$$J(\tau)-a=P(x,y)+\mathrm{i}Q(x,y)$$

其中,P与Q为实函数,则得

$$\int_{(C)}\frac{P\mathrm{d}Q-Q\mathrm{d}P}{P^2+Q^2}=2\pi \tag{14}$$

但因 $J(\tau)-a$ 在 C 所限的区域 D 内为正则，故 P 与 Q 在 D 内为连续，而且此线积分只可当 P 与 Q 在 D 内等于零时，才能有不为零之值. 因此，$J(\tau)-a$ 在 D 内至少有一个根，因而在 $\mathscr{C}$ 内至少有一个根. 但由定理 4 我们可知，此方程在 $\mathscr{C}$ 内不能有多于一个根.

注　如设点 $\tau=\mathrm{i}\infty$ 属于 $\mathscr{C}$，则方程

$$J(\tau)-a=0$$

无论 a 为何如，在三角形 $\mathscr{C}$ 内恒有一个根而且只有一个.

2.14　在椭圆函数上之应用

以上所得结果与椭圆函数理论有极密切的关系，由此结果可知，对所有满足

$$g_2^3-27g_3^2\neq 0$$

的不变量偶 g_2,g_3，有一个以它为不变量的椭圆函数 $p(u)$ 相对应，而且只有一个.

g_2 与 g_3 既已给定，则方程

$$J(\tau)=\frac{g_2^3}{g_2^3-27g_3^2}$$

在基本三角形内将有一个有限根 τ_0，而此方程的所有其他诸根都与 τ_0 为等价. 设有函数 $p(u\mid 1,\tau_0)$，其不变量 $g'_2,g'_3,\cdots$ 适合下列关系

$$\frac{g'^3_2}{g'^3_2-27g'^2_3}=\frac{g_2^3}{g_2^3-27g_3^2}$$

由 $J(\tau)$ 的基本性质，则有一数 λ 能使

$$g'_2=\lambda^4g_2,g'_3=\lambda^6g_3$$

因此，函数 $p(\lambda u\mid\lambda,\lambda\tau_0)$ 就适应了我们的问题. 因若以其一等价值代 τ_0，则以上函数不变，故此函数的确定

是唯一的.

2.15 模函数

以上所研究的函数 $J(\tau)$ 为模函数中的最简单的. 就一般情形而论，所有适应下列两种性质的函数 $\varphi(\tau)$：

(1) 为 τ 之单值函数；

(2) 与 $J(\tau)$ 有一代数关系 $f(\varphi, J)=0$.

都可以叫作模函数. 因此，由于(13) 与(12) 两式，函数 $k^2(\tau)$ 与$\sqrt[4]{k(\tau)}$ 皆为模函数. 实在说，此两函数的研究尚在 $J(\tau)$ 之前，厄尔密特在研究五次方程的解时就应用了函数$\sqrt[4]{k}$ 与 $\sqrt[4]{k'}$. 函数 $v(k)$ 亦为常用的一模函数，比干尔在证明其著名的定理时就采用了它. 兹将其情况概述于下：

2.15.1 函数 $v(k)$

在变数 τ 的正半平面内设有一曲线三角形 ABC，其边界为两个半直线

$$AB, R(\tau)=0 \text{ 与 } AC, R(\tau)=1$$

及以 $BC(0-1)$ 为半径的半圆周(图 15).

根据黎曼定理，我们可使此曲线三角形所包含的区域与一变数 k 的上半平面有保角映象关系，并使其三顶点 A, B, C 分别与 k 平面中实轴上三点 $0, 1, \infty$ 成对应. 此保角映象关系可用此曲线三角形 ABC 内的一正则函数

$$k=\lambda(\tau)$$

表示.

由于许瓦尔兹的反映原理，此函数可用解析开拓

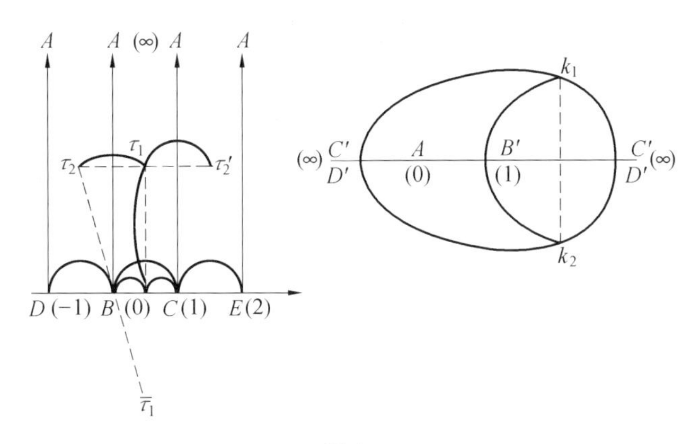

图 15

经过此曲线三角形的各边.

经过 AB 边的开拓是显然的. 在 τ 平面中对虚轴成对称的两点 τ_1 及 τ_2 与在 k 平面中对实轴成对称的两点 k_1 及 k_2 相对应. 此函数就表示着 τ 平面内 ABC 对虚轴成对称的曲线三角形 ABD 与 k 平面的下半平面的保角映象关系. 故其反函数

$$\tau = v(k)$$

存在于全平面内;但需要注意所作开拓是经过 AB 边的,换言之,即经过实轴上 $0-1$ 线段的. 故若以其在上半平面的 k_1 点的函数元素按魏尔斯特拉斯意义作解析开拓,则需经过实轴上 $0-1$ 线段方可以我们确定的元素到达 k_2 点(图 15). 因此,以曲线四边形 $ACBD$ 为对象的 k 平面沿负实轴有 $\infty-0$ 的割口,而沿正实轴有 $1-\infty$ 的割口.

此曲线四边形即模函数 $\lambda(\tau)$ 的基本存在区域 D_0. 此基本区域内的 τ 值即其反函数 $v(k)$ 的主要分支.

2.15.2 $v(k)$ 之各分支及与其有关之代换

在曲线三角形 ABC 内定义的函数 $k=\lambda(\tau)$ 尚可经过 AC 边作解析开拓，如此即得曲线三角形 ACE 与下半面的保角表示. 故此曲线三角形 ACE 的点，犹如 ABD 的点，在下半平面内亦有其对应点. 因而，反函数

$$\tau=v(k)$$

为多值函数，而在下半平面内我们已有两个定值. 以先前在曲线三角形 ABD 内所取的定值 τ_2 由此半平面的一点 k_2 起始，经过 $0-1$ 线段画一连续路线到上半平面，则其对应点 τ 经过 AB 到曲线三角形 ABC 内，随后经过半直线 $0-\infty$ 回到下半平面内，则点 τ 经过 AC 到曲线三角形 ACE 内. 当我们回到起始点 k_2 时，则点 τ 有其新定值 τ'_2. 由此可见，当 k 在正向绕点 0 画不含点 1 的路线一周时，τ 的旧定值 τ_2 变到其新定值 τ'_2. 取一对实轴为对称的路线，则立得 τ_2 与 τ'_2 的关系：对 k_2 与 k_1 的对称关系，当 k 经过 $0-1$ 时，有 τ'_2 与 τ_1 对 AB 的对称关系成对应；当 k 经过 $0-\infty$ 时，有 τ'_2 与 τ_1 对 AC 的对称关系成对应. 此两对称的效果为等于 2 的平移，即

$$\tau'_2=\tau_2+2$$

因此，此新定值的开拓乃使其旧者随 k 由上半平面经过 $0-1$ 而进入下半平面，再使其结果由下平面经过 $0-\infty$ 而进入上半平面，且如此继续不已. 同理，旧定值的开拓可使 k 经过 $0-\infty$ 而进入上半平面，且如此继续不已. 故可绕 0 点转任意个周次，每一周次在函数 $v(k)$ 上增加或减去 2. 原点 O 为此函数的一对数分支点. 故对 τ 有无限个定值.

最初在曲线三角形 ABC 内定义的函数 $k=\lambda(\tau)$

尚可经过曲线边 BC 作解析开拓，如此即得此曲线三角形 BCF（BF 与 CF 为相切在 F 的两相等半圆）在下半平面上的保角表示. 对下半平面的每一点 k_2 将有一新定值 τ''_2，仿照对 τ'_2 的做法可知，以 τ_2 的值起始，令 k 由 k_2 经过线段 $0-1$ 与 $1-\infty$ 作一仍旧回归到 k_0 的封闭路线，换言之，即在负向绕点 1 作不含点 0 的路线一周，即得此定值. 如设此路线对实轴为对称，则可求得 τ''_2 与 τ_2 的关系：对于起始点 k_2 在曲线三角形 ABD 内有 τ_2 与之相对应；对于 k_1 在曲线三角形 ABC 内有 τ_2 对 AB 的对称点 τ_1 与之相对应；对于到达点 k_2 有 τ_1 对圆 BC 的对称点 τ''_2 与之相对应. 如设 $\bar{\tau}_1$ 为 τ_1 对实轴的对称点，则 $\bar{\tau}_1$ 为 τ_2 对原点的对称点，即

$$\bar{\tau}_1 = -\tau_2$$

由 $\bar{\tau}_1$ 到 τ''_2 的经过乃一对 F 的几何反演与一对实轴的对称的组合，可用一极简单代换说明之. 设将原点移至 F 点，并以大字母表示其新附标，则得

$$T''_2 = \frac{\frac{1}{4}}{T_1}$$

但

$$T''_2 = \tau''_2 - \frac{1}{2}, \bar{T}_1 = \tau_1 - \frac{1}{2}$$

故

$$\tau''_2 \quad \frac{1}{2} - \frac{\frac{1}{4}}{\bar{\tau}_1 - \frac{1}{2}} = \frac{\frac{1}{4}}{-\tau_2 - \frac{1}{2}}$$

或

$$2\tau''_2 - 1 = -\frac{1}{2\tau_2 + 1}$$

最后

$$\tau_2'' = \frac{\tau_2}{2\tau_2 + 1}$$

此新定值在上半平面的开拓，犹如 τ_2，是经过线段 $0-1$ 与半直线 $0-\infty$. 这样在一半平面内每次都有一新定值，使 k 经过实轴的三部分

$$(\infty - 0, 0 - 1, 1 - \infty)$$

之一，则得其中的另一个. 故在全 k 平面中，函数

$$\tau = v(k)$$

有无限个分支.

当令 k 作不经过点 0 与 1 的路线时，由此无限个分支之一即推演出其他分支. 一这样路线，不用与点 0 与 1 相遇的连续变形，即变为绕此两点的一系列的环路. 每一环路都使此主要定值承受一已知代换，故在画一环路之后所得的分支逐渐地将成为主要分支的函数.

我们需要注意：此函数 $v(k)$ 有三个分支点，即在有限距离内已经被我们研究过的两点 0 与 1，及无限点. 因绕 ∞ 的环路与在相同方向绕 0 的一环路又紧随绕 1 的一环路为等价，如此所产生的两个代换彼此不是相反，故不能相消，因而此定值绕 ∞ 回转时即有所改变. 故 $v(k)$ 亦以 ∞ 为其分支点.

由以上所得结果可知，函数 $\tau = v(k)$ 的所有分支，用由以上所得的两基本代换

$$\begin{cases} \tau' = \tau + 2 \\ \tau'' = \dfrac{\tau}{2\tau + 1} \end{cases}$$

得来的代换群，都可由第一分支得到.

此两代换具有线性代换

$$\tau' = \frac{\alpha\tau + \beta}{\gamma\tau + \delta}$$

的形式，其中 $\alpha,\beta,\gamma,\delta$ 为实系数，且 $\alpha\delta - \beta\gamma = 1$.

2.16　椭圆积分的周期之比为其模之函数

设 ω 与 ω' 为椭圆积分

$$\int \frac{\mathrm{d}z}{\sqrt{z(z-1)(k-z)}}$$

的两半周期. 如 k 不等于 0 与 1，则此两半周期的比不能为实数. 因在此比值中 $\mathrm{i}(\mathrm{i}=\sqrt{-1})$ 的系数不能为零，故此系数的符号保持不变. 由于我们事先的约定，我们恒可使之为正号. 兹证明此两半周期的比 $\frac{\omega'}{\omega}$ 为其模 k 的函数就是我们在以上所定义的函数 $v(k)$

$$\frac{\omega'}{\omega} = \tau = v(k)$$

因 ω 与 ω' 的一切可能定值都由其基本代换

$$\begin{cases}\omega_1 = \omega \\ \omega_1' = 2\omega + \omega'\end{cases} \tag{S_1}$$

$$\begin{cases}\omega_2 = \omega + 2\omega' \\ \omega_2' = \omega'\end{cases} \tag{S_2}$$

组合得来，故此定值呈

$$\frac{m\omega + n\omega'}{p\omega + q\omega'}$$

的形状，m,n,p,q 为四个整数，而且适合

$$mq - np = 1$$

函数 ω 与 ω' 在全 k 平面内只以 $k=0$，$k=1$，$k=\infty$ 为其分支点. 因此，此两半周期的比

$$\frac{\omega'}{\omega}=\tau=v(k)$$

亦为只以 $k=0,k=1,k=\infty$ 为其分支点的解析函数，并且无论变数画什么路线，i 的系数恒保持不变符号.

此函数 $v(k)$ 对于此三分支点以外的一切点都为正则，因 ω 与 ω' 的比有以下的值

$$\frac{m\omega+n\omega'}{p\omega+q\omega'}\quad(mq-np=1)$$

故若 v 为无限，则

$$p\omega+q\omega'=0$$

但此关系是不可能的. 同理，可知 v 亦不能为零.

椭圆函数与算术学

第3章

高斯在他的著作中多次提到数论和椭圆函数之间有着必然的联系，下面主要谈谈几点：

(1)《专题论文算术》中第7部分的引言讲了第一个例子，这里高斯给出了一些定理，他想用这些定理解释圆的划分，可能对其他许多的抽象函数有效，比如积分$\int \frac{\mathrm{d}x}{\sqrt{1-x^4}}$. 他自从1797年已经详述过这个积分，并且给出双曲线的弧长，那么这个结论就相当于双曲线划分等式的研究. 高斯还定义了双曲线的正弦，即

$$x=\sin \text{lemn}\ u$$

其中

$$u=\int_0^x \frac{\mathrm{d}t}{\sqrt{1-t^4}}$$

它是周期为$2\bar{\omega}$的周期函数，这里

$$\bar{\omega}=2\int_0^1 \frac{\mathrm{d}x}{\sqrt{1-x^4}}$$

定义双曲线余弦函数，通过

$$\cos \operatorname{lemn} u=\sin \operatorname{lemn}\left(\frac{\bar{\omega}}{2}-u\right)$$

则有下列等式成立

$$\sin \operatorname{lemn}^2 u+\cos \operatorname{lemn}^2 u+\sin \operatorname{lemn}^2 u \cdot \cos \operatorname{lemn}^2 u=1$$

因为

$$\frac{\mathrm{d} x}{\sqrt{1-(\mathrm{i} x)^4}}=\mathrm{i} \frac{\mathrm{d} x}{\sqrt{1-x^4}}$$

所以高斯定义了

$$\sin \operatorname{lemn}(\mathrm{i} u)=\mathrm{i} \sin \operatorname{lemn} u$$

再定义

$$\sin \operatorname{lemn} z, z=u+\mathrm{i} v$$

根据欧拉的加法定理，有

$$\begin{aligned} & \sin \operatorname{lemn}(u+v) \\ = & \frac{\sin \operatorname{lemn} u \cdot \cos \operatorname{lemn} v+\sin \operatorname{lemn} v+\cos \operatorname{lemn} u}{1-\sin \operatorname{lemn} u \cdot \sin \operatorname{lemn} v \cdot \cos \operatorname{lemn} u \cdot \cos \operatorname{lemn} v}\end{aligned}$$

则

$$\sin \operatorname{lemn}(u+2 m \bar{\omega})=\sin \operatorname{lemn} u$$

其中 $m=a+b\mathrm{i}, a, b \in \mathbf{Z}$. 这标志着高斯整数环 $\mathbf{Z}[\mathrm{i}]$ 的出现. 对任意高斯整数 m, $\sin \operatorname{lemn}(mu)$ 都是 $\sin \operatorname{lemn} u$ 和 $\cos \operatorname{lemn} u$ 的推理函数，之后它被称为椭圆积分 $\int \frac{\mathrm{d} x}{\sqrt{1-x^4}}$ 的复合乘法，类似于圆的划分理论.

(2)1814 年 7 月 9 日，在高斯的数学期刊日志中记载着下列内容：

最重要记录就是双曲线函数与四次剩余理论之间的关系. 假设 $a+b\mathrm{i}$ 是一个素数，则 $a-1+b\mathrm{i}$ 可被 $2+2\mathrm{i}$ 除尽，且同余 $1=xx+yy+xxyy(\bmod (a+b\mathrm{i}))$ 的全部数均等于 $(a-1)^2+bb^2$，其中 $x=\infty, y=\pm\mathrm{i}, x=$

$\pm \mathrm{i}, y=\infty$.

因此，从现代观点来看，高斯已经估算出在有限域 $\dfrac{\mathbf{Z}[\mathrm{i}]}{a+b\mathrm{i}}$ 范围内椭圆曲线的数目是 $a+b\mathrm{i}-1$，椭圆曲线的方程就是双曲线正弦与余弦的法格纳诺关系. 最终赫格洛茨证明了高斯的观点.

(3) 在高斯的“Nachlass”中，我们还发现了值得注意的恒等式

$$1+\sum_{n=1}^{\infty} x^{n^2}(\alpha^n+\alpha^{-n})$$
$$=\prod_{n=1}^{\infty}(1-x^{2n})\prod_{n=0}^{\infty}(1+\alpha x^{2n+1})\left(1+\frac{x^{2n+1}}{\alpha}\right) \quad (1)$$

如果

$$\alpha=\mathrm{e}^{\frac{\mathrm{i}\pi u}{\omega}}, x=\mathrm{e}^{-\frac{\pi\omega'}{\omega}}$$

这里 ω 和 ω' 都是复数，且 $\mathrm{Re}\,\dfrac{\omega'}{\omega}>0$，那么两个都提出了 u 的全部函数(事实上，是一个 $\theta-$ 函数)，并且该函数给出了周期为 ω 和 $\mathrm{i}\omega'$ 的椭圆函数的分子. 式(1)的左边是这个函数的傅里叶级数扩张，高斯在他1808年写的文章中，给出了这个恒等式的特例. 他决定把高斯算术写在该论文中，有了这个标记，高斯又得到二次方程互换的第四次证明.

(4) 最后，数论被用来研究椭圆模函数. 高斯判定了群的基本域，现在我们写做

$$\Gamma(2)=\ker(\mathrm{SL}(2,\mathbf{Z})\to\mathrm{SL}(2,\mathbf{Z}/2\mathbf{Z}))$$

作用在右复半平面 $\{\mathrm{Re}\,t>0\}$，且

$$\begin{pmatrix}\alpha & \beta\\ \gamma & \delta\end{pmatrix}t=\frac{\alpha t-\beta\mathrm{i}}{\delta+\gamma\mathrm{i}t}$$

这里，$t=\frac{\bar{\omega}'}{\bar{\omega}}$ 大于周期$(\mathrm{i}\bar{\omega}',\bar{\omega})$的比值因数 i. 高斯还指出，当 t 改变时，二次形式

$$|x-\mathrm{i}ty|^2=x^2+2\mathrm{Im}\,t\cdot xy+|t|^2y^2$$

也随着线性替换$\begin{pmatrix}\delta & -\beta\\ -\gamma & \alpha\end{pmatrix}$的变化而变化. 简化的二次式形式理论让他找到了 t 的最简值，即满足

$$-1<\mathrm{Im}\,t\leqslant 1,-1\leqslant \mathrm{Im}\,\frac{1}{t}<1$$

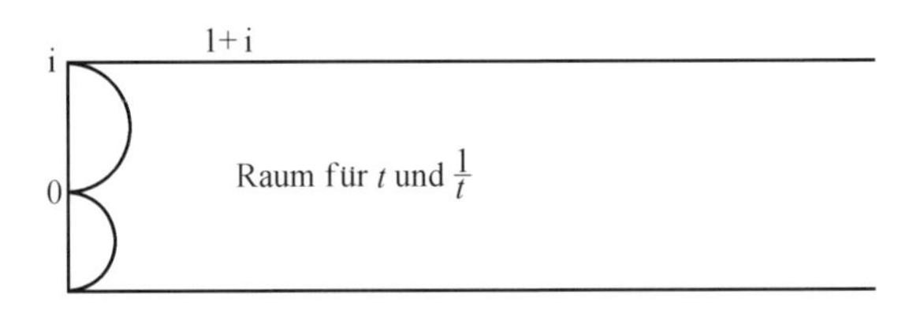

图 16

3.1 阿贝尔的复形乘法

高斯从未发表过关于椭圆函数的著作. 1827 年，阿贝尔重新发现了这个理论. 在早期文章中，阿贝尔把研究重心从椭圆积分转移到它的相反函数中，他的结论由 φ 函数导出下列等价关系

$$\varphi(\alpha)=x\Leftrightarrow\alpha=\int_0^x\frac{\mathrm{d}x}{\sqrt{(1-c^2x^2)(1+e^2x^2)}}$$

双曲线积分的特例就是当参数 $c=e=1$ 时. 阿贝尔称函数 φ 为椭圆函数，恰是勒让德懊恼的事，因为他已经用这个名字命名为相应的积分，不喜欢看到他的专用术语被替换. 在同类的文章中，阿贝尔也研究 $\varphi^2\left(\frac{\Omega}{n}\right)$ 的

非零值方程式. 这里,Ω 是椭圆函数 φ 的半周期,n 是正整数. 当 n 是一个奇素数时,等式的次数为 $\frac{n^2-1}{2}$. 阿贝尔证明次数为 $\frac{n-1}{2}$ 的方程式可能被分解成次数为 $n+1^4$,每个次数为 $\frac{n-1}{2}$ 的方程式都是循环的,这是阿贝尔通过高斯的方法,得出的结论. 他写出了根的形式 $x_m=\varphi^2(\alpha^m\varepsilon)$,其中 ε 是被 n 除的半周期,α 为模 n 的最简根且 $x_{m+n}=x_m$. 一般的,次数为 $n+1$ 的等式还没解出来,除了特殊的例子,像双曲线中的 $n\equiv 1(\mathrm{mod}\ 4)$,或者更一般的,$\varphi\left(\frac{\bar{\omega}\mathrm{i}}{n}\right)$ 是 $\varphi\left(\frac{\omega}{n}\right)$ 的推理函数等还有很多,这里 ω 和 $\bar{\omega}\mathrm{i}$ 都是基本的半周期,在双曲线中 $\bar{\omega}=\omega$.

要想证明这个结果就得利用复杂乘法:对 $\forall\delta$,有

$$\varphi(m+u\mathrm{i})\delta=xT(x^4)$$

这里,$x=\varphi\delta$,T 为推理函数,m,μ 是整数,使 $m+\mu$ 是奇数. 因为 $n\equiv 1(\mathrm{mod}\ 4)$,则存在 α,β,使

$$n=\alpha^2+\beta^2$$

也存在整数 q,r,使

$$2q\alpha-nr-1$$

由于 2α 和 n 是素数,因此,有

$$\frac{1}{n}=q\cdot\frac{2\alpha}{n}-r=q\left(\frac{1}{\alpha+\beta\mathrm{i}}+\frac{1}{\alpha-\beta\mathrm{i}}\right)-r$$

和

$$\varphi\left(\frac{\Omega}{n}\right)=\pm\varphi\left(\frac{q\Omega}{\alpha+\beta\mathrm{i}}+\frac{9\Omega}{\alpha-\beta\mathrm{i}}\right)$$

可以看出必然被 $\alpha+\beta\mathrm{i}$ 整除,而用高斯的方法可以得到相应的等式又是一个周期.

在他的精选(阿贝尔,1827—1828)最后,阿贝尔

发现了复杂乘法的共性问题：试着找到模 μ 和未知数 a，使下列等式

$$\frac{\mathrm{d}y}{\sqrt{(1-y^2)(1+\mu y^2)}}=a\frac{\mathrm{d}x}{\sqrt{(1-x^2)(1+\mu x^2)}} \quad (2)$$

有一般的代数解答. 他发现 a 可以写成某种形式，即 $m+\sqrt{-n}$，这里 m,n 为有理数，且 $n\geqslant 0$，并且，如果 $n\neq 0$，则 μ 是一个代数. 起初他对给出 μ 求 n 的等式是可以通过代数解决的方法感到疑惑，但是在后来的文章里(阿贝尔，1828)，他把这个结论作为一个定理给出.

阿贝尔特别考虑到，当 n 为奇素数且 $a=\sqrt{-n}$ 时，$\frac{\overline{\omega}}{\omega}=\sqrt{n}$. 例如，当 $n=3$ 时，$\mu=(2+\sqrt{3})^2$；当 $n=5$ 时，对应有 $\mu=(2+\sqrt{5}+2\sqrt{2+\sqrt{5}})^2$.

1828 年以前，阿贝尔一直在角逐，直到椭圆积分和椭圆函数的理论出现. 同时，雅可比在著名的“Fundamenda nova”(雅可比，1829) 发表了椭圆函数的形式体系和符号，他还特别强调一个椭圆积分转移到另一个的一般结论. 式(2) 里的复杂乘法是关于自身积分转移的特例.

雅可比一直都对复形乘法感兴趣，在他去世之后，很多文章被发表在(雅可比，1881) 中. 他注意到，如果 p 是素数，保持模 k 不变的椭圆函数与乘数递增的 $\sqrt{-n}$ 的 p 的变化量数等于二次型 x^2+ny^2 的 p 表示数，进而得到表示 $p=a^2+nb^2$，且它是随着乘数 $\frac{1}{a+\mathrm{i}b\sqrt{n}}$ 而变化的.

3.2　克朗耐克

克朗耐克非常怀疑大多数著名的数学家在19世纪发表的复形乘法理论，他的文章最后详细介绍了现在所谓的克朗耐克定理[①]. 克朗耐克发表系数在$Z[i]$上的阿贝尔方程的相应结果，双曲线划分方程对一般系数的方程起重要作用。克朗耐克在1857年发表的一文章中，他给出了阿贝尔关于单数模[②]的方程解的证明. 这种想法违反了克朗耐克复形乘法的观点. 用雅可比的想法来看，椭圆函数$x=\sin u$可由下式定义

$$u=\int_0^x \frac{\mathrm{d}t}{(1-t^2)(1-\kappa^2 t^2)}$$

他考虑整系数的代数方程，且存在模为κ^2的$\sqrt{-n}$复形乘法，这个方程的次数是判别式$-n$的二元二次型次数的6倍. 这是因为复形乘法是特殊的变换，次序p的改变对于同构映射

$$\omega \to \frac{c+d\omega}{a+b\omega}$$

的两个基本周期比ω起作用，这里整系数a,b,c,d满足$ad-bc=p$. 如果ω在同构下是不变的，则存在复形乘法，这等价于$a\omega+b\omega^2=c+d\omega$，所以$\omega$是一个二次复数. 另一方面，若$\omega$是二次的，则仍然存在复形乘法. 比如说，本原二次型(A,B,C)（来自D. A. 中高斯的记载）有负的判别式$-n=B^2-AC$. 让我们考虑一下二

---

① 克朗耐克认为所有整系数阿贝尔方程的根都与推理函数的根一致.

② 例如，若已知n，则一定存在复形乘法$\sqrt{-n}$.

次方程 $A+2B\omega+C\omega^2=0$ 的根 ω. 一个根是

$$\omega=\frac{-yA+(x-yb)\omega}{x+yB+yC\omega}$$

x,y 均为整数. ω 在同构下不变的判别式等于 $p=x^2+ny^2$,随着 $x+y\sqrt{-n}$ 的变化,p 是一个复形乘法,这是由雅可比证明的结果.

由另一个判别式为 $-n$ 的二次型,而不是主要由 x^2+ny^2 描绘的数 q,则存在模数 κ 到新的模数 λ 的变换,且 $\sin^2\mathrm{am}(\mu u,\lambda)$ 是由 $\sin^2\mathrm{am}(u,\kappa)$ 和 κ 表示. 这个新模也由 $\sqrt{-n}$ 确定了复形乘法,即

$$\mu(\bmod q)\equiv\sqrt{-n}$$

克朗耐克把 μ 看做是库默尔思想中相应理想因素 q 的具体表示.

以 ω 到模数 κ^2,我们可以看到群 $\mathrm{SL}(2,\mathbf{Z})$ 作用在 ω 上是 κ^2 的 6 倍,作用在 κ^2 的子群是

$$\Gamma(2)=\ker(\mathrm{SL}(2,\mathbf{Z})\rightarrow\mathrm{SL}(2,\mathbf{Z}/2\mathbf{Z}))$$

其指数为 6,每类二元二次型包含关于 $\Gamma(2)$ 的 6 个子类和关于这些子类的不同模数 κ^2.

方程式可被分解成整系数二次型(D. A. art 226),素因数可被分解成相同次数的 6 个因子在连接 $\sqrt{n}$ 之后. 最后,一些方程式的每一部分是阿贝尔可交换的,特别是解根.

克朗耐克在之后的文章中给出了一些结果的少量证明. 例如,克朗耐克在 1877 年发表的一文章. 如果 $D=b^2-ac$ 是负的判别式,他考虑到方程 $F(x)=0$ 是由 a 划分的,它的根是 $\pm\varphi\left(\frac{\Omega}{a}\right)$. 如果 φ 是由 $\sqrt{D}$ 确定的复形乘法,则 $\varphi^2\left((b+\sqrt{D})\frac{\Omega}{a}\right)$ 与 $\varphi^2\left(\frac{\Omega}{a}\right)$ 有关. 因

此，这些数都是 F 上 $\Phi(x)=0$ 的根. $\Phi(x)=x^{a-1}(c_1+c_2x+\cdots+c_ax^{a-1})^a$ 中的 c_1 是 κ^2 上复形乘法的新模，这也是克朗耐克如何证明所有这些模数都是那些变换推理函数之一，也是一个交换等式.

克朗耐克也猜测了此定理的证明，这是他著名的"Jugendtraum"(克朗耐克，1877) 在系数为虚数的二次交换方程中，他说："可以推测到这样的方程全体来自椭圆函数理论."

韦伯(Fueter，1914) 和高木贞治(高木贞治，1920) 研究了这个问题的一般理论框架.

克朗耐克在 1857 年发表的一文章的结尾以及 1860 年发表的文章，他都对单模类数诱导公式方程作了一些研究. 比如说，对任意整数 n，都有

$$\sum_{D>0} hH(D)=2\varphi(n)$$

这里，h 是通过二次型 x^2+Dy^2 确定 n，且 $H(D)$ 是二进制二次型判别式 $-D$ 的简单分类数，$\varphi(n)$ 是大于 $\sqrt{n}$ 的 n 的除数总和，第一部分是单模方程 $f(x)=0$ 的次数. 第二部分是考虑当 $x\to\infty$ 时，$f(x)$ 的大小，并且雅可比给出了分解表达式；另一个方法就是对于所有的 x，都有

$$n-x^2=Dy^2$$

等式左边可以变为

$$F(n)+2F(n-1^2)+2F(n-2^2)+\cdots$$

这里，$F(m)$ 是判别式 $-m$ 的二进制二次型的奇分类数. 由于克朗耐克没有给出证明，只是暗示埃尔米特，Charles Joubert 和 Henry J. S. Smith 作出了全部证明.

在他的文章中，作者给出了另一个单模方程式的证明，这是根据高斯在 D. A. 第 227 部分的介绍. 设 N 是判别式 $-n$ 的简单分类数，次数为 $6N$ 的方程式可分解三个次数为 $2N$ 的方程式，其中有一个根为模 $k=\kappa^2$，相应于 $q=\mathrm{e}^{-\pi\sqrt{n}}$. 如果 $p_1,\cdots,p_v$ 是除 n 的质数，此方程可分解成 2^v 个相等次数的因子，在 $\sqrt{pi}$ 之后，对于 $i=1,\cdots,v$. 如果 $n\equiv 3(\bmod 4)$，每个因子的次数等于分类数；如果 $n\equiv 1(\bmod 4)$ 时，可得到次数用 $k(1-k)$ 代替 k 的方程.

克朗耐克计算 $3n$ 个单模的例子，像 $n=6,10,15,39,63,5,13,21,37,49,105$. 例如，当 $n=6$ 时，$k=(1+\sqrt{2})^2(1+\sqrt{2}+\sqrt{6})^2$；当 $n=10$ 时，$k=(1+\sqrt{2})^4(3+\sqrt{10})^2$. 最后，克朗耐克解释部分方程式是不可约的.

3.3　次数为四和三的艾森斯坦公理

我们知道高斯介绍了与双曲线函数的复形乘法密切相关的“高斯整数”$\mathbf{Z}[\mathrm{i}]$，并且他用这些整数强调四次相关公理，艾森斯坦用双曲线函数的复形乘法（艾森斯坦，1845）证明了这个公理.

他还考虑了 $\mathbf{Z}[\mathrm{i}]$ 中一个奇素数 m 和整数 $a+b\mathrm{i}$（不能被 m 除尽）模 m 的剩余数. 余数是 $p-1$，这里 $p=N(m)$ 是 m 的平均数，它们是 $r,\mathrm{i}r,-r,-\mathrm{i}r$，其中 r 不同于分类模 m 大于 $\mathbf{Z}[\mathrm{i}]$ 的单位元 $\pm 1,\pm\mathrm{i}$. 如果 n 是不能被 m 除尽的高斯整数，则对于每一 r，都存在 r' 和 $k=0,1,2$ 或 3，使

$$nr\equiv \mathrm{i}^k r'(\bmod m)$$

因为

$$\sin\operatorname{lemn}(\mathrm{i}^k u)=\mathrm{i}^k\sin\operatorname{lemn} u$$

所以可得到

$$\sin \operatorname{lemn}(nr\frac{\omega}{m})=\mathrm{i}^{k}\sin \operatorname{lemn}(r'\frac{\omega}{m}) \qquad (3)$$

其周期为 ω，因此

$$nr\equiv r'\frac{\sin \operatorname{lemn}\left(nr\frac{\omega}{m}\right)}{\sin \operatorname{lemn}\left(r'\frac{\omega}{m}\right)} \pmod m$$

随着 r 的变化累乘$\frac{p-1}{4}$，于是，艾森斯坦得到

$$n^{\frac{p-1}{4}}\equiv\prod_{r}\frac{\sin \operatorname{lemn}(nr\frac{\omega}{m})}{\sin \operatorname{lemn}(r'\frac{\omega}{m})} \pmod m \qquad (4)$$

这里，因为式(3)，等式右边是最小整数. 如果 n 也是一个奇素数，那么 $q=N(n)$ 是它的平均数；如果 ρ 随着模 n 大于单位元的变化而变化，那么就会发现

$$m^{\frac{q-1}{4}}\equiv\prod_{\rho}\frac{\sin \operatorname{lemn}(m\rho\frac{\omega}{n})}{\sin \operatorname{lemn}(\rho'\frac{\omega}{n})} \pmod n$$

但是，我们知道$\frac{\sin \operatorname{lemn}(mv)}{\sin \operatorname{lemn} v}$ 是 $\sin \operatorname{lemn} v$ 的阶为 $p-1$ 的有理函数. 如果 $m\equiv 1(\bmod (2+2\mathrm{i}))$，即如果 m 是狄利克雷素数，则此函数有下列形式

$$\frac{\prod_{\alpha}(x^{4}-\alpha^{4})}{\prod_{\alpha}(1-\alpha^{4}x^{4})}$$

这里，$x=\sin \operatorname{lemn} v$，$\alpha=\sin \operatorname{lemn}(\frac{r\omega}{m})$.

同理，当 n 为素数时，我们有

$$\frac{\sin \operatorname{lemn}(nv)}{\sin \operatorname{lemn} v}=\frac{\prod\limits_{\beta}(x^{4}-\beta^{4})}{\prod\limits_{\beta}(1-\beta^{4}x^{4})}$$

这里 $\beta=\sin \operatorname{lemn}(\frac{\rho\omega}{n})$. 因此,有

$$n^{\frac{p-1}{4}}\equiv\prod_{\alpha,\beta}\frac{\alpha^{4}-\beta^{4}}{1-\alpha^{4}\beta^{4}}(\bmod m)$$

$$m^{\frac{q-1}{4}}\equiv\prod_{\alpha,\beta}\frac{\beta^{4}-\alpha^{4}}{1-\alpha^{4}\beta^{4}}(\bmod n)$$

高斯把模 m 的四次剩余特征 $\left[\frac{n}{m}\right]_{4}$ 定义为与 $n^{\frac{p-1}{4}}$ 全等的单位元,所以我们得到

$$\left[\frac{n}{m}\right]_{4}=\prod_{\alpha,\beta}\frac{\alpha^{4}-\beta^{4}}{1-\alpha^{4}\beta^{4}}$$

$$\left[\frac{n}{m}\right]_{4}=\prod_{\alpha,\beta}\frac{\beta^{4}-\alpha^{4}}{1-\alpha^{4}\beta^{4}}$$

由于右边的式子不同于 $(-1)^{\frac{p-1}{4}\frac{q-1}{4}}$,则高斯得到了四次方程相关结论

$$\left[\frac{n}{m}\right]_{4}\left[\frac{m}{n}\right]_{4}=(-1)^{\frac{p-1}{4}\frac{q-1}{4}}$$

艾森斯坦也给了这个结论的另一个证明(艾森斯坦1845). 用 φ 记为双曲线正弦函数,他证明,对任何本原奇复数 m,有

$$\varphi(mt)=\varphi(t)\frac{m\mathscr{F}+\varphi^{p-1}(t)}{1-m\mathscr{G}} \tag{5}$$

其中 $\mathscr{F}$ 和 $\mathscr{G}$ 是 $\varphi^{4}(t)$ 中的整系数多项式. 当 $m=-1+2\mathrm{i},3+2\mathrm{i},1+4\mathrm{i}$ 时,他精确地计算了 $\mathscr{F}$ 和 $\mathscr{G}$ 的值,在式(5)中,分子的根是 $\varphi^{4}\left(\frac{r\omega}{m}\right)$,它们的乘积等于 $(-1)^{\frac{p-1}{4}}m$. 现在通过式(4),$\left[\frac{n}{m}\right]_{4}=\prod\limits_{r}\frac{\varphi(nt)}{\varphi(t)},t=$

$\frac{r\omega}{m}$,且式(4)给出了整系数多项式 P,Q,使

$$P(0)=1,Q(0)=0$$

$$\left[\frac{n}{m}\right]_4 P(n)=\prod_r \varphi^{q-1}\left(\frac{r\omega}{m}\right)+Q(n)$$

以 n 为模,有

$$\left[\frac{n}{m}\right]_4 \equiv (-1)^{\frac{p-1}{4}\cdot\frac{q-1}{4}} m^{\frac{q-1}{4}} \equiv (-1)^{\frac{p-1}{4}\frac{q-1}{4}}\left[\frac{m}{n}\right]_4$$

艾森斯坦在1847年发表的文章中,第三次证明了立方交换定理.设在四次方程中

$$\beta=\mathrm{i},v=4$$

立方交换中

$$\beta=r=\frac{-1+\sqrt{-3}}{2},v=6$$

因此 β 是基,v 是相应二次方程单位元的群的阶.艾森斯坦通过函数

$$F(x)=\prod_n\prod_m\left(1-\frac{tx}{m+n\beta}\right)$$

其中 t 是偶整数①.设 k,l 是复素数②,p,q 是它们各自的平均数.假设 p 和 q 模 v 都同余于1,记为

$$p'=\frac{p-1}{v},q'=\frac{q-1}{v}$$

用 pq 替换 t.设 $\{\sigma\}$,$\{\tau\}$ 是以 k 为模的分类,l 大于单位元,对每一个 σ,存在 σ_1 和单位元 e,使得

$$l\sigma - e\sigma_1 \pmod k$$

这样

① 这相当于研究雅可比函数H,将在下一章讨论.

② 见R. Bölling's chap. Ⅳ,1,§5(Editors' note)

$$F\left(\frac{l\sigma}{k}\right)=\mathrm{e}^{mt^2}F\left(\frac{e\sigma_1}{k}\right)=e\mathrm{e}^{mt^2}F\left(\frac{\sigma_1}{k}\right)$$

其中,m 与 t 无关.把所有的 σ 累乘在一起,首先可得到

$$l^{p'}\prod\sigma\equiv\prod e\prod\sigma(\bmod k)$$

故

$$l^{p'}\equiv\prod e(\bmod k)$$

那么

$$\prod_{\sigma}F\left(\frac{l\sigma}{k}\right)=\prod_{\sigma}e\cdot\mathrm{e}^{mt^2}\prod_{\sigma}F\left(\frac{\sigma}{k}\right)$$

因此

$$\prod_{\sigma}e=\mathrm{e}^{-mt^2}\prod_{\sigma}\frac{F\left(\frac{l\sigma}{k}\right)}{F\left(\frac{\sigma}{k}\right)}$$

但是

$$\frac{F(lx)}{F(x)}=\rho'c^{q-1}\mathrm{e}^{mt^2}\prod_{\lambda'}F(x+\frac{\lambda'}{l})$$

其中,c 是常数,ρ' 被定义为下列单位:如果

$$\beta=\mathrm{i},l=a+b\mathrm{i}$$

则

$$\rho'=\mathrm{i}^{b^2+b+a-1}$$

如果

$$\beta=r,l=a+br$$

则

$$\rho'=(-1)^{\frac{a+b}{2}}r^{-b}$$

这暗示

$$l^{p'}\equiv\mathrm{e}^{mt^2}\rho'^{p'}c^{vp'q'}\prod_{e,\sigma,\tau}F\left(\frac{\sigma}{k}+\frac{e\tau}{l}\right)\quad(\bmod k)$$

同样

$$k^{q'} \equiv \mathrm{e}^{mt^2}\rho^{q'}c^{vp'q'}\prod_{e,\sigma,\tau}F\left(\frac{e\sigma}{k}+\frac{\tau}{l}\right) \pmod l$$

从上式可得到以 k 为模的 l 的四次方程和立方余数特征,即单位元($\frac{l}{k}$) 和 $l^{p'}$ 都以 k 为模

$$\frac{\left(\frac{l}{k}\right)}{\left(\frac{k}{l}\right)}=\frac{\rho'^{p'}}{\rho^{q'}}(-1)^{p'q'}\mathrm{e}^{mt^2} \tag{5}$$

艾森斯坦根据,若 $A=B\mathrm{e}^{mt^2}$,这里 t 是可变整数,A,B,m 不随 t 变化,引用了一个引理,则 $A=B$,mt^2 是 $2\pi\mathrm{i}$ 的倍数. 假设 t 不同于有限集素数的倍数,也不能被大于 2 和 3 的另一个素数除尽. 当 t 不能被 3 除尽时,此结论是 $\frac{A}{B}$ 为 1 的三次幂根,则式(5) 暗示

$$\rho'^{p'}\left(\frac{k}{l}\right)=\rho^{q'}(-1)^{p'q'}\left(\frac{l}{k}\right) \tag{7}$$

p 和 q 都不能被 3 除尽. 如果 p 或 q 有一个可被 3 整除,$\beta=\mathrm{i}$,k 或 l 等于 3,则 p 或 q 等于 9,式(7) 的两边比值是 1 的三次方根. 由于两边都是 1 的二次方根,这个比值等于 1,所以式(7) 仍然成立,若 k 和 l 都是素数,则 $\rho=\rho'=1$,我们就得到了相关结论(注意 $Z[\beta]$ 中的每个数都可写成最小整数的素数积).

我们可知道,在艾森斯坦[①]之前,雅可比就建立了次数为三和四的相关结论的方法.

3.4 傅里叶级数和 q — 微积分

前面介绍暗示了,由椭圆函数的傅里叶级数的分

① see chap I 1 footnote 158 (Editor's note)

子会产生另一个题目. 在"Fundamenda nova"(雅可比,1829) 中,雅可比介绍对每一个以 k 为模的全部函数 H 和 Θ,有[①]

$$\sin \text{am } u = \frac{1}{\sqrt{k}} \frac{H(u)}{\Theta(u)}$$

他还得到

$$K = \int_0^{\frac{\pi}{2}} \frac{d\theta}{\sqrt{1-k^2\sin^2\theta}}$$

$$K' = \int_0^{\frac{\pi}{2}} \frac{d\theta}{\sqrt{1-k'^2\sin^2\theta}}$$

这里,$k'^2 = 1-k^2$. 函数 $\sin \text{am } u$ 的周期是 $4K$ 和 $2iK'$. 如果 $q = e^{-\frac{\pi K'}{K}}$,则在 1829 年雅可比发表的一文章的 §63 中,有

$$\Theta\left(\frac{2Kx}{\pi}\right) = 1 - 2q\cos 2x + 2q^4\cos 4x - 2q^9\cos 6x + 2q^{16}\cos 8x - \cdots$$

$$H\left(\frac{2Kx}{\pi}\right) = 2\sqrt[4]{q}\sin x - 2\sqrt[4]{q^9}\sin 3x + 2\sqrt[4]{q^{25}}\sin 5x - 2\sqrt[4]{q^{49}}\sin 7x + \cdots$$

这些公式与前面介绍引用的高斯恒等式(1) 相同,雅可比从第一个式子得到

$$\sqrt{\frac{2k}{\pi}} = \Theta(K) = 1 + 2q + 2q^4 + \cdots = \sum_{-\infty}^{+\infty} q^{n^2}$$

另一方面,他在(雅可比,1829),§40,公式(4) 得到了

① 回忆 §2 的开头,关于以 k 为模数的雅可比函数 $\sin \text{am } u$,它的定义也可被写为 $\sin \text{am } u = \varphi \Leftrightarrow u = \int_0^{\varphi} \frac{d\theta}{\sqrt{1-k^2\sin^2\theta}}$

式子

$$\frac{2K}{\pi}=1+\frac{4q}{1-q}+\frac{4q^3}{1-q^3}+\frac{4q^5}{1-q^5}+\cdots$$
$$=1+4\sum_{m,n,l}\Psi(n)q^{2^l m^2 n}$$

这里,$l=0,1,2,3,\cdots$;m,n 是奇数,$m\equiv-1 \pmod 4$,$n\equiv+1 \pmod 4$,且 $\Psi(n)$ 表示 n 的因数的个数.

另一个由雅可比给出的椭圆恒等式是 $\left(\frac{2K}{\pi}\right)^2$ 的两个式子

$$1+\frac{8q}{1-q}+\frac{16q^2}{1+q^2}+\frac{24q^3}{1-q^3}+\cdots$$
$$=1+8\sum_{p\text{为奇数}}\varphi(p)(q^p+3q^{2p}+3q^{4p}+3q^{8p}+\cdots)$$

其中 $\varphi(p)$ 是雅可比的注释中 p 的除数总和.下面

$$(\sum q^{n^2})^2=1+4\sum_{m,n,l}\Psi(n)q^{2^l m^2 n}$$

$$(\sum q^{n^2})^4=1+8\sum_{p\text{为奇数}}\varphi(p)q^p+24\sum_{p\text{为奇数}}\sum_{v\geqslant 1}\varphi(p)q^{2^v p}$$

可把整数 t 的分解数 $r_s(t)$ 看做 s 的平方和,此时 $s=2$ 或 $s=4$ 时有,除非 $t=2^l m^2 n$,$m\equiv-1 \pmod 4$,$n\equiv+1 \pmod 4$,则有

$$r_2(t)=0,r_2(2^l m^2 n)=4\Psi(n)$$

若 p 是奇数,且 $r_4(2^v p)=24\varphi(p)$.则 $r_4(p)=8\varphi(p)$.特别地,$r_4(t)$ 永不为 0,即对每个整数 n 都等于 4 的平方和.1748 年 5 月 4 日,欧拉写了一封信给 Goldbach,是关于用这种方法证明四个平方定理的想法.1828 年 9 月,雅可比致信勒让德交流这些结果.

在他的"Fundamenda nova"的 §42 中,雅可比证明了关于 $r_8(t)$ 和 $r_6(t)$ 的新公式,分别是

$$\left(\frac{2K}{\pi}\right)^4=1+16\sum\frac{n^3q^n}{(1+(-1)^{n+1})q^n}$$

$$\left(\frac{2K}{\pi}\right)^3=1+16\sum\frac{n^3q^n}{1+q^{2n}}$$

雅可比在长篇论文中(雅可比,1848)又用了这些方法.通过基本等式(1)(用q,z代替x,α),他用q代替变量z,并得到了一些等式,这些等式在$1-q^a$的无限因子的积和q之间,连乘两个这样的等式,雅可比得到了加倍连续等于无限乘积.

一些无限乘积在双倍连续中与等式一样.例如

$$\sum_{j,k}(-1)^k q^{m(j^2+k^2)+n(j+k)}$$
$$=\sum_{j,k}(-1)^{j+k}q^{2m(j^2+k^2)+2nj}$$

作为一个应用,雅可比考虑到$P=(4m+1)^2+16n^2$的解是μ(或为v),这里$m+n$为偶的(或奇的),当n'为偶的(或奇的),且P为已知整数时,则

$$P=(4m'+1)^2+8n'^2$$

的解是μ'(或v').他也证明出

$$\mu-v=\mu'-v'$$

这个结果与高斯阐述的素数$p\equiv 1 \pmod 8$模2为四次余数相符,性质就是用二次型$aa+2bb$或$aa+bb$替换p.

克朗耐克在他的文章(克朗耐克,1860)中也用了这个类型,他考虑到,例如函数

$$E(n)=2F(n)-G(n)$$

这里F(或G)是与二元二次型判别式$-n$的奇分类数(或偶分类)相关.从这些分类,他总结出

$$E(n)+2E(n-1)+2E(n-4)+2E(n-9)+\cdots$$

$$=\frac{2}{3}(2+(-1)^n)X(n)$$

这里，$X(n)$ 是 n 的奇因数总和. 于是，有

$$12\sum E(n)q^n=\frac{1}{\Theta(K)}+\frac{8}{\Theta(K)}\sum\frac{q^{n+1}}{(1\mp q^{n+1})^2}$$

其中 $\mp=(-1)^{n+1}$. 这等于 $\Theta(K)^3$，所以得到了 $r_3(t)$ 关于判别式 $-n$ 的分类数有关的公式，记载在 D. A. art. 291.

埃尔米特用傅里叶的某些 θ 函数乘积证明克朗耐克的相关分类，没有借助复杂乘法. 他发表他的方法在两个记录中，并记载在"Comptes rendus del'Academie des sciences de Paris"(埃尔米特，1861 和埃尔米特，1862). 例如[①]

$$\begin{aligned}&\frac{K}{2\pi}\sqrt{\frac{2kK}{\pi}}\frac{H^2(z)\Theta_1(z)}{\Theta^2(z)}\\&=A\Theta_1(z)-q\sqrt[4]{q^{-1}}\cos 2x-\\&\quad q^4(\sqrt[4]{q^{-1}}+3\sqrt[4]{q^{-9}})\cos 3x-\cdots\end{aligned}$$

其中

$$z=\frac{2Kx}{\pi}$$

且

$$\begin{aligned}A&=\frac{1}{2\pi}\int_0^K\frac{H^2(z)\Theta_1(z)}{\Theta^2(z)}\mathrm{d}z\\&=\sum_{n,a}\frac{\sqrt{q^{2n+1}}}{1-q^{2n+1}}q^{\frac{(2n+1)^2}{4}-a^2}\\&=\sum_N F(N)q^{\frac{N}{4}}\end{aligned}$$

① 这里，$\Theta_1(x)=2\sqrt[4]{q}\sin x-2\sqrt[4]{q^9}\sin 3x+2\sqrt[4]{q^{25}}\sin 5x-\cdots$

则埃尔米特认为系数 $F(N)$ 是判别式 $-N$ 的二元二次型最简数. 的确,根据大于或小于 $\frac{2n+1}{4}$,则有

$$N=(2n+1)(2n+4b+3)-4a^2$$

是二次型 $(2n+1,2a,2n+4b+3)$ 或 $(2n+1,2n\mp 2a,4n+4b+4\mp 4a)$ 的负判别式. 设在傅里叶系数中 $x=0$,埃尔米特发现 $\sum_N q^{\frac{N}{4}}\ \frac{\sum d'-\sum d}{2}$ 是 N 的除数 d' 和 d 的扩展,使 $d<\sqrt{N}<d'$. 因为方程式的左边是 0,埃尔米特得到

$$\Theta_1(0)\sum F(N)q^{\frac{n}{4}}=\frac{1}{2}\sum \Psi(N)q^{\frac{n}{4}}$$

其中,$\Psi(N)=\frac{\sum d'-\sum d}{2}$. 这样 $F(N)+2F(N-2^2)+2F(N-4^2)+\cdots=\frac{1}{2}\Psi(N)$.

通过类推的方法,埃尔米特能得到 $r_3(n)$ 和 $r_5(n)$ 的方程式.

3.5 高斯求和与 $\theta-$ 函数

我们知道高斯意识到了他的基本关系(1) 与所谓的高斯求和之间的关系. 柯西重新发现了这个关系(柯西,1840),来源于高斯著名等式的一个特例

$$\sum_{n=-\infty}^{n=+\infty} e^{-\alpha(n+\omega)^2}=\sqrt{\frac{\pi}{\alpha}}\,e^{-\alpha\omega^2}\sum_{n=-\infty}^{n=+\infty} e^{-\frac{\pi^2}{\alpha}\left(n+\frac{\alpha i\omega}{\pi}\right)^2}$$

柯西通过 Poisson 的求和公式,从而推导出公式

$$\left(\sqrt{\log\frac{1}{x}}\right)\frac{\sum\limits_{n=-\infty}^{n=+\infty} x^{n^2\pi}}{\sum\limits_{n=-\infty}^{n=+\infty} y^{n^2\pi}}=1 \qquad (8)$$

如果 x,y 满足 $\log x\cdot\log y=1$,则 $|x|,|y|<1$,并且$\sqrt{z}$ 是$\left[-\frac{\pi}{2},\frac{\pi}{2}\right]$内的平方根.柯西考虑到

$$-\log x=w^2+\frac{\lambda \mathrm{i}}{\mu}$$

λ,μ 为有理数,w 是趋于 0 的实数.他证明了 $|\mu w|\cdot\sum\limits_{n=-\infty}^{n=+\infty}x^{n^2\pi}$ 的极限等于高斯求和

$$\frac{1}{2}\sum_{k=0}^{2\mu-1}\mathrm{e}^{-k^2\frac{\lambda\pi i}{\mu}}=G\left(\frac{\lambda \mathrm{i}}{\mu}\right)$$

同样,$G\left(\frac{\mu}{\lambda \mathrm{i}}\right)$ 是 $|\mu w|\sum\limits_{n=-\infty}^{n=+\infty}y^{n^2\pi}$ 的极限,则根据极限,式(8) 可得到

$$\sqrt{\frac{\lambda \mathrm{i}}{\mu}}G\left(\frac{\lambda \mathrm{i}}{\mu}\right)=G\left(\frac{\mu}{\lambda \mathrm{i}}\right)$$

故

$$\sqrt{\rho}\ \frac{G(\rho)}{G\left(\frac{1}{\rho}\right)}=1 \tag{8}$$

对任意纯虚数 ρ 成立.现在高斯已经证明了,对于 $\mu\equiv 1(\bmod 4)$,商 $\frac{G\left(\frac{2\lambda \mathrm{i}}{\mu}\right)}{\sqrt{\mu}}$ 等于雅可比符号 $\left(\frac{\lambda}{\mu}\right)$,我们可知,商的相关结论是恒等式(9) 的结果.的确,式(9) 满足

$$G\left(\frac{2r\lambda \mathrm{i}}{\mu}\right)=\left(\frac{r}{\mu}\right)G\left(\frac{2\lambda \mathrm{i}}{\mu}\right)$$

$$G\left(\frac{2\mathrm{i}}{\mu}\right)=\sqrt{\frac{\mu}{2\mathrm{i}}}G\left(\frac{2\mu}{2\mathrm{i}}\right)=\sqrt{\mu}$$

克朗耐克建立了柯西的结果的逆命题(克朗耐克,

1880)，从恒等式(9)，他推出了式(8)和θ－函数的变化公式

$$\vartheta\left(\frac{\zeta}{\gamma\tau+\delta},\frac{\alpha\tau+\beta}{\gamma\tau+\delta}\right)=C(\sqrt{\gamma\tau+\delta})^{\frac{\gamma\zeta^2}{\gamma\tau+\delta}\pi i}\vartheta(\zeta,\tau)$$

这里$\vartheta(\zeta,\tau)=\sum_{v=-\infty}^{+\infty}e^{\frac{\pi i}{4}(v^2\tau+4v\tau-2v)}$且$\begin{pmatrix}\alpha & \beta\\ \gamma & \delta\end{pmatrix}\in SL(2,\mathbf{Z})$.

如果$\beta+\delta$是奇数或偶数，则常数C等于$G\left(\frac{\beta i}{\delta}\right)$或$G\left(\frac{\alpha i}{\gamma}\right)$. 在证明中，克朗耐克在无限求和与有限求和之间变换. 他也表示，当已知$G(\rho)$的绝对值时，则有

$$\rho\left|\frac{G(\rho)}{G\left(\frac{1}{\rho}\right)}\right|^2=1$$

也有下列成立

$$\log\frac{1}{x}\left|\frac{\sum x^{n^2\pi}}{\sum y^{n^2\pi}}\right|=1$$

因此，平方根是± 1，并且当x趋近于0时，这个平方根的符号可以确定. 这是一种求高斯和$G(\rho)$的方法，也可证明二次方程相关结论.

在类似的文章中，克朗耐克也给出高斯和雅可比的恒等式(1)的新证明.

3.6 克朗耐克的有限方程式与费马等式

克朗耐克1863年发表的一篇文章中，克朗耐克利用狄利克雷给出的有限值

$$\sum_{m>0,(m,2P)=1}\left(\frac{P}{m}\right)\frac{1}{m^{1+\rho}}\text{ 和 }\sum_{n>0,(n,2Q)=1}\left(\frac{-Q}{n}\right)\frac{1}{n^{1+\rho}}$$

这里，P和Q不是平方数，且$P>1$. 再乘以这两个等式

得到公式

$$\lim_{\rho\to 0}\sum\left(\frac{P}{m}\right)\frac{1}{m^{1+\rho}}\sum\left(\frac{-Q}{n}\right)\frac{1}{n^{1+\rho}}$$

$$=\frac{\pi}{4\sqrt{D}}H(-D)H(P)\log(T+U\sqrt{P})\quad(10)$$

其中，$D=PQ$，$H(m)$ 是判别式 $m(H(-1)=\frac{1}{2})$ 的本原二元二次型的分类数，(T,U) 是费马方程 $T^2-PU^2=1$ 的最小解. 如果 $D\equiv 1(\bmod 4)$，则

$$\sum_m\sum_n\frac{\left(\frac{P}{m}\right)\left(\frac{-Q}{n}\right)}{(mn)^{1+\rho}}$$

$$=\left(1-\frac{\left(\frac{2}{R}\right)}{2^{2+\rho}}\right)\sum_{(a,b,c)}\left[\frac{a}{R}\right]\cdot\quad(11)$$

$$\sum_{(x,y)}\frac{1}{(ax^2+2bxy+cy^2)^{1+\rho}}$$

其中，x，y 为非零整数，若 $P\equiv 1(\bmod 4)$，则 $R=P$；若 $P\equiv 3(\bmod 4)$，则 $R=Q$. 这里，(a,b,c) 是判别式 $-D$ 的变化的本原二次型，且 $\left[\frac{a}{R}\right]=\left(\frac{a'}{R}\right)$（勒让德符号）含有 (a',b',c') 的一个型等于 (a,b,c)，满足 a' 是 R 的质数. 克朗耐克证明了这个等式（克朗耐克，1864）.

为了计算式(10)的 (T,U)，可以简化计算式(11)右边的极限，克朗耐克给出

$$\lim_{\rho\to 0}\sum_{x,y}\frac{e^{2\pi i(\sigma x+\tau y)}}{(ax^2+2bxy+cy^2)^{1+\rho}}$$

$$=\frac{2\sigma^2\pi^2}{a}+\frac{\pi}{3\sqrt{D}}\log\frac{1}{4\pi^2}\vartheta'(0,w_1)\vartheta'(0,w_2)-$$

$$\frac{\pi}{\sqrt{D}}\log\vartheta(\tau+\sigma w_1,w_1)\vartheta(\tau+\sigma w_2,w_2)$$

这里我们会用到等式

$$\vartheta(z,w)=-\mathrm{i}\sum_{n=-\infty}^{n=+\infty}(-1)^n\mathrm{e}^{(n+\frac{1}{2})^2w\pi\mathrm{i}+(2n+1)z\pi\mathrm{i}}$$

其中

$$w_1=\frac{-b+\mathrm{i}\sqrt{D}}{a},w_2=\frac{b+\mathrm{i}\sqrt{D}}{a}$$

克朗耐克从等式

$$\lim_{\rho\to 0}\Big(\sum_{x,y}\frac{1}{(ax^2+2bxy+cy^2)^{1+\rho}}-$$

$$\sum_{x,y}\frac{1}{(a'x^2+2b'x+c'y^2)^{1+\rho}}\Big)$$

$$=\frac{2\pi}{3\sqrt{D}}\log\frac{a\sqrt{a}\,\vartheta'(0,w_1')\vartheta(0,w_2')}{a'\ \sqrt{a'}\,\vartheta'(0,w_1)\vartheta(0,w_2)}\tag{12}$$

得出

$$H(-Q)H(P)\log(T+U\sqrt{P})$$

$$=\frac{2}{3}\Big(2-\Big(\frac{2}{R}\Big)\Big)\sum_{(a,b,c)}\Big[\frac{a}{R}\Big]\log\frac{a\sqrt{a}}{\vartheta'(0,w_1)\vartheta(0,w_2)}$$

其中

$$\Big(2-\Big(\frac{2}{R}\Big)\Big)\sum_{a}\Big[\frac{a}{R}\Big]\Big(\frac{\pi\sqrt{D}}{3a}+\log a\Big)$$

为近似值，克朗耐克发表了(克朗耐克，1883—1890)前 7 部分有限等式的证明. 他利用函数

$$\Lambda(\sigma,\tau,w_1,w_2)=(4\pi^2)^{\frac{1}{3}}\mathrm{e}^{\tau^2(w_1+w_2)\pi\mathrm{i}}\cdot$$

$$\frac{\vartheta(\sigma+\tau w_1,w_1)\vartheta(\sigma-\tau w_2,w_2)}{(\vartheta'(0,w_1)\vartheta'(0,w_2))^{\frac{1}{3}}}$$

首先证明

$$\log\Lambda(\sigma,\tau,w_1,w_2)$$

$$=\frac{-1}{2\pi}\lim_{h\to\infty}\lim_{k\to\infty}\sum_{m=-h}^{+h}\cdot$$

$$\sum_{n=-k}^{+k} \frac{e^{2(m\sigma+n\tau)\pi i}}{a_0 m^2 + b_0 mn + c_0 n^2}$$

这里，$(m,n) \neq (0,0)$，$a_0 i = \dfrac{w_1 w_2}{w_1 + w_2}$，$b_0 i = \dfrac{w_1 - w_2}{w_1 + w_2}$，$c_0 i = \dfrac{-1}{w_1 + w_2}$，且选择 σ,τ 是为了满足 $(\tau w_1 + \sigma)i$，$w_1 - (\tau w_1 + \sigma)i$，$(\tau w_2 - \sigma)i$，$w_2 - (\tau w_2 - \sigma)i$ 的实部是负数. 克朗耐克从这个等式推导出

$$\begin{aligned}
&\log \Lambda(\sigma,\tau,w_1,w_2)\\
&= \frac{-1}{2\pi} \lim_{\rho\to 0} \sum_{m,n=-\infty}^{+\infty} \frac{e^{2(m\sigma+n\tau)\pi i}}{(a_0 m^2 + b_0 mn + c_0 n^2)^{1+\rho}}\\
&= \frac{-\sqrt{\Delta}}{2\pi} \lim_{\rho\to 0} \sum_{m,n=-\infty}^{+\infty} \frac{e^{2(m\sigma+n\tau)\pi i}}{(a_0 m^2 + b_0 mn + c_0 n^2)^{1+\rho}}
\end{aligned}$$

这里，$(m,n) \neq (0,0)$，$a = a_0\sqrt{\Delta}$，$b = b_0\sqrt{\Delta}$，$c = c_0\sqrt{\Delta}$，使得 $4ac - b^2 = \Delta > 0$，且 $w_1 = \dfrac{-b + i\sqrt{\Delta}}{2c}$，$w_2 = \dfrac{b + i\sqrt{\Delta}}{2c}$. 他最后得到式(12)和椭圆公式

$$\lim_{\rho\to 0}\left(-\frac{1}{\rho} + \sum_{m,n} \frac{2\pi}{(a_0 m^2 + b_0 mn + c_0 n^2)^{1+\rho}}\right)$$

克朗耐克精确地计算了一些数字例子：当 $P = D = 5$，13，37 时，他发现 $T + U\sqrt{P}$ 近似于 $\frac{1}{8}e^{\frac{1}{2}\pi\sqrt{D}}$，分别是 $2+\sqrt{5}$，$18+5\sqrt{13}$，$882+145\sqrt{37}$ 的准确值. 当 $P = D = 17$，97 时，它们分别是 $4+\sqrt{17}$ 和 $5\,604+569\sqrt{97}$ 的准确值，克朗耐克的近似值是 $\frac{2}{9}e^{\frac{5}{18}\pi\sqrt{17}}$，$\frac{2}{49}e^{\frac{7}{42}\pi\sqrt{97}}$. 当 $D = 85$ 时，可能会选择 $(P,Q) = (85,1)$，$(17,5)$ 或者 $(5,17)$. $T + U\sqrt{P}$ 的相应值分别是 $378+41\sqrt{85}$，$4+$

$\sqrt{17}$, $2+\sqrt{5}$,近似值是$\frac{1}{8}\mathrm{e}^{\frac{3}{10}\pi\sqrt{85}}$, $\frac{1}{\sqrt{5}}\mathrm{e}^{\frac{1}{10}\pi\sqrt{85}}$, $\mathrm{e}^{\frac{1}{20}\pi\sqrt{85}}$.

3.7 丢番图方程式

在1835年,雅可比发表了一篇小文章,他解释如何利用椭圆积分的加法定理或阿贝尔定理,构造形如$y^2=f(x)$(f为多项式)的丢番图方程的解.

例如,如果f是次数为三或四的多项式,积分$\prod(x)=\int_0^x\frac{\mathrm{d}t}{\sqrt{f(t)}}$是第一类椭圆积分,加法定理说,已知$x_1,x_2,\cdots,x_n$和$m,m_2,\cdots,m_n$都是整数,则

$$\sum_{i=1}^{n}m_i\prod(x_i)=\prod(x)$$

其中x和$\sqrt{f(x)}$是$x_1,x_2,\cdots,x_n$和$\sqrt{f(x_1)}$, $\sqrt{f(x_2)},\cdots,\sqrt{f(x_n)}$的推理函数,故如果$(x_1,y_1)$, $(x_2,y_2),\cdots,(x_n,y_n)$是丢番图方程$y^2=f(x)$的已知解,则$(x,f(x))$是利用加法定理的新解.

雅可比确信欧拉已经知道了椭圆积分与丢番图方程之间的关系.的确,欧拉在1780年发表的文章中的计算使丢番图方程$z^2=f(x)$,f为四次多项式变为$\Phi(x,y)=0$,Φ为关于x和y的二次式,使$\Phi(x,y)=\Phi(y,x)$.这和他1757年为了得到椭圆积分的加法定理的计算结果一样.要想确定

$$\Phi(x,y)=A(x)y^2+2B(x)y+C(x)$$

其判别式B^2-AC必须等于$f(x)$.于是,有

$$\Phi(x,y)=0,\frac{\partial\Phi}{\partial y}(x,y)=\pm 2\sqrt{f(x)}$$

且

$$\frac{dx}{\sqrt{f(x)}} \pm \frac{dy}{\sqrt{f(y)}} = 0$$

如果方程 $\Phi(x,y)=0$ 的合理解(x,y)是已知的,则

$$y=\frac{-B(x)+z}{A(x)}, z=\sqrt{f(x)}$$

故 z 是合理的,它还有第二个解

$$y_1=\frac{-B(x)-z}{A(x)}$$

从而,由 $x=\dfrac{-B(y_1)+t}{A(y_1)}$ 和 $t=\sqrt{f(y_1)}$,可以推导出

$$x_1=\frac{-B(y_1)-t}{A(y_1)}$$

但是欧拉并没有把过程详细地写出来.然而,自从莱布尼兹把$\dfrac{dx}{\sqrt{f(x)}}$,这里 f 是二次多项式变成不同型的变化是与丢番图方程 $z^2=f(x)$ 解的方法有关.

这些丢番图问题的几何解释(牛顿已经寻找过种类是 0 或 1 的代数曲线上的合理点),一直没有解决直到后来的工作,特别[sylvester,1879—1880],[Hilbert,Hurwitz,1890]和[Poincaré,1901].

3.8　结　论

我们已经试着表达运算上椭圆函数理论的开始:复杂乘法,q — 微积分,θ — 函数的函数方程,克朗耐克的极限公式,加法定理和丢番图分解.这些大多数都已经出现在高斯的文章中,高斯清楚地看出很有必要用这些方法而不限制自然数,以便证明自然数的性质.

阿贝尔和雅可比之后,在 19 世纪的前三分之二时间里,艾森斯坦、克朗耐克和埃尔米特发现了一些定理,我们认为克朗耐克的工作对作者在公式的证明上起着特别重要的作用.

在 19 世纪末,经历了 20 世纪,理论逐步发展起来,这种进步延续到现在,这也证明了高斯的工作也延续到了今天.

编辑手记

先介绍一下 Eisenstein 是何许人.

1930 年,仍在巴黎的傅雷写了一篇《论塞尚》,寄回国发表在《东方杂志》上.虽然只是一篇通过资料来向中国读者介绍法国画家的文章,22 岁的傅雷却颇有自己的见地.他写道:"要了解塞尚之伟大,先要知道他是时代的人物,所谓时代的人物者,是=永久的人物+当代的人物+未来的人物."

艾森斯坦(Eisenstein, Ferdinand Gotthold Max)(1823—1852)就是这样的人物.

艾森斯坦,德国人.1823年4月16日出生.他是哲学博士,高斯的学生.他的命运很不济,1852年成为柏林科学院院士,同年10月11日就逝世了.他重点研究二次型和二元三次型理论、数论以及椭圆函数和阿贝尔超越函数理论的一些问题.在高等代数中,有一个判定有理数域上不可约多项式的充分性条件被称为艾森斯坦准则.他在分析二元三次型的过程中,最早发现了协变数.他先于库默尔考察了形如$a+bp$(这里$p^3=1$)的数.他还从一种特殊的椭圆函数的变换引出了二次型的残数的相互关系的定律.他的研究已涉及到魏尔斯特拉斯的ρ一函数和魏尔斯特拉斯σ一函数的无穷乘积.还有方程

$$x^n+v_1x^{n-1}+\cdots+v_{n-1}\pi x+v_n\pi=0$$

是以他的名字命名的.

再介绍一下椭圆函数.先说一个文学掌故.

《文汇报》原总编辑和主笔徐铸成曾说:"钱玄同先生每次上课时,从不看一眼究竟学生有无缺席,用笔在点名簿上一竖到底,算是该到的学生全到了.也从不考试,每学期批定成绩时,他是按点名册的先后,60分,61分……如果选定课程的学生是40人,最后一个就得100分.40人以上呢?重新从60分开始."从数学角度说钱先生点名是用的常数列,评分用的是周期数列,当然也是周期函数.

本书所论及的椭圆函数也是一种周期函数.不过它是双周期函数,所以世界上第一本椭圆函数方面的

专著就叫作《双周期函数理论》，出版于1859年，在数学分支的分类中隶属于代数函数论.

代数函数论现在已经完全淹没在现代数学的汪洋大海之中，很少有人提起了.在1936—1937年度清华大学算学部的选修课程表中序号为1的就是椭圆函数，学分是3个，应预习之学程为分析函数，再后来就少见了.而在19世纪，它却处于数学的中心，涉及椭圆积分及椭圆函数、阿贝尔积分及阿贝尔函数的问题，对它的研究几乎是评价数学家成就的试金石.许多大数学家之所以在当时了不起，并非由于我们现在所认为的那样，是对数学的一些普遍问题、基础问题提出了正确的观点，而只是由于他们在这个领域做出了杰出工作.从高斯、阿贝尔、雅可比、埃尔米特到克莱因、庞加莱，无不因在这个领域有突出贡献而闻名.而黎曼及魏尔斯特拉斯更是因为他们对阿贝尔函数所做的工作而获得他们的名声和职位，而并非如现在人们所认为的那样是他们在几何基础、复变函数论、数论、分析基础等方面的工作.不过，从19世纪末开始，由于数学追求一般性、普遍性、抽象性，代数函数论从分析上归入复变函数论，从几何上归入代数几何学，到20世纪中叶，经一般域论、代数拓扑乃至数论的分解，它已经完全代数化，并随同一般域上的代数曲线论进入了交换代数的范畴.

英国公开大学数学学院的Jeremy Gray在《*The Mathematical Intelligencer*》(Vol 7. No. 3. 1985)上发

表了一篇题为《一百年前谁会赢得菲尔兹奖》的文章，他在文章中列举了若干位假若菲尔兹奖如果早 100 年颁发会获奖的数学家.

第一位是埃尔米特，他在借助拉梅(Lamé)方程理论将椭圆函数用于应用数学方面是一位先驱.

第二位是库默尔，他对数学的首要贡献，当然是他的代数理论. 但在 19 世纪 30 年代，他还在微分方程和椭圆函数上有所成就.

第三位是克朗耐克，他家世富有，在大学教课只是因为他身为柏林科学院院士的责任感. 弗罗比尼乌斯(Frobenins)在 1891 年对克朗耐克的赞词中，认为克朗耐克涉猎太泛了，以至于他在他的每个研究领域都达不到举世无双的水平. 当然，他的主要兴趣还是椭圆函数和数论.

第四位是魏尔斯特拉斯，他直至 1878 年也几乎没发表文章，他在讨论班讲分析的各个分支的课，最主要的内容是关于椭圆函数和阿贝尔函数.

第五位是凯莱，他跟埃尔米特和富克斯一样，并不看好克莱因所发展的新思想，更偏好椭圆函数理论中的传统思想.

第六位是一个年轻的法国人毕卡(Picard，生于 1856 年)，事实上，到 1881 年底为止，毕卡已发表了 34 篇论文，把埃尔米特关于拉梅方程的思想发展成为拟椭圆函数的理论.

以下论及的更为详细的关于椭圆函数方面的历史

脉络及其与现代数学的渊源材料多取自于胡作玄先生的《近代数学史》,说起来令人奇怪,近代数学史贯而通之,能够发表点自己观点的并不是数学科班出身的人或专攻现代数学史的研究人员,反倒是早年毕业于北京大学化学系的胡作玄先生.胡先生点评数学家,论及某项数学成果在历史中的地位及作用精道准确,绝非一般人认为的"无知者无畏",而是经过在国外研读大量典籍之后的融会贯通.

19世纪初,数学的中心课程集中于椭圆函数及其推广上,它不仅是基本的非初等函数,直接导致代数函数论及代数几何学的发展,而且在数论和数学物理上都有着广泛的应用.

从历史上讲,椭圆函数来源于椭圆积分,是通过椭圆积分反演得到的.这种积分出现在求椭圆弧长的问题中,因此而得名.但实际上它并不局限于求椭圆弧长的问题,求双曲线及双纽线等的弧长同样也遇到椭圆积分.在历史上椭圆是一直令人着迷的,比如19世纪最伟大的理论物理学家麦克斯韦,在15岁写出了他的第一本著作,就是关于以几何方法画椭圆形的.在阿贝尔首先把椭圆积分反演得出椭圆函数之前,一般也把椭圆积分称为椭圆函数或椭圆超越函数,这不过是历史的插曲.

椭圆积分自然出现在求椭圆及双曲线的弧长、单摆的周期、弹性细杆的弯曲等问题当中,但求积分遇到极大困难.莱布尼茨在研究积分法时,曾设想一个"纲领”，即把积分$\int f(x)\mathrm{d}x$都归结为“已知函数”的“封闭形式”，也就是求出由初等函数以有限的加、减、乘、除形式表现出来的函数$g(x)$，使$g'(x)=f(x)$. 当时所知道的函数无非是现在所说的初等函数，即代数函数（多项式及有理分式）、指数函数及三角函数以及它们的反演. 在实现莱布尼茨纲领上，椭圆积分是数学家所碰到的第一个障碍，虽然经过当时数学家的努力，但还是不能把椭圆积分表成上述的理想形式，以致 1694 年雅各布·伯努利就猜想这项任务不可能完成. 这个猜想直到 1833 年才由法国数学家刘维尔证明. 他证明：包括椭圆积分在内的一大类积分均不可能表为初等函数. 在这期间，数学家开始考虑用分析方法即各种无穷表达式来表示它，而具体到椭圆积分，则更着重于研究其性质.

由于一般的椭圆积分较为复杂，最早研究的一类是所谓双纽线积分. 1694 年雅各布·伯努利由于双纽线积分简单、漂亮而单独提出来予以考虑. 这是最简单的椭圆积分，因此成为研究椭圆积分的出发点.

椭圆积分的历史起点数学史家一般公认为 1718 年，由意大利数学家法纳诺开始研究，他发现了双纽线积分的倍弧长公式. 1751 年 12 月 23 日欧拉在得知法纳诺的结果之后，导致他于 1761 年把倍弧长公式推广成双纽线积分的加法定理，即得出法纳诺关系. 后来，雅可比把 1751 年 12 月 23 日这一天定为“椭圆函数的生日”.

双纽线积分虽然是研究一般椭圆积分的起点,但欧拉的加法定理并不能轻易地推广到一般椭圆积分之上.一般椭圆积分的研究主要来自勒让德.

勒让德关于椭圆函数方面的工作从1783年起持续了半个世纪.首先他在1786年发表两篇论文,1793年发表长篇论文,然后写了《积分练习》(*Exercises de calcul integral*,3卷,1811,1817,1826)以及《椭圆函数论》(3卷,1825,1826,1828).其中,他对椭圆积分进行了系统研究.

同年,阿贝尔首先对实值 u,v 的椭圆函数证明了加法定理.通过加法定理,他把椭圆函数的定义推广到复值 $z=u+\mathrm{i}v$.

同时,阿贝尔还发现了椭圆函数的重要性质——双周期性,即存在两个周期,其比为非实数,这成为后来椭圆函数研究的出发点.1835年雅可比证明任何单变量单值有理型(即亚纯)函数不可能多于两个周期,且周期比必为非实数.1844年刘维尔以此为出发点,建立系统的双周期函数理论.他还依据柯西的留数理论证明,在一个周期平行四边形内极点的数目有限,这些极点的阶数之和被称为椭圆函数的阶数;在一个周期平行四边形内没有极点的椭圆函数是常数;椭圆函数在任何一个周期平行四边形内极点的留数之和恒为0;在一个平行四边形内零点之和与极点之和的差等于一个第一类椭圆积分.

勒让德在他的书中得出一系列加法公式及变换公

式,以及不同参数 n 的第三类积分之间的关系.在《椭圆函数论》第2卷中,勒让德发表了第一个椭圆积分表,它也是今天同类表的基础.

高斯对椭圆积分也有贡献,他从1791年起就研究所谓算术几何均值,也就是两个正数 a 及 b 经过如下运算所形成的两个序列 $\{a_n\}$ 和 $\{b_n\}$ 的共同极限

$$a_0=a,\quad b_0=b$$

$$a_{n+1}=\frac{a_n+b_n}{2},\quad b_{n+1}=\sqrt{a_nb_n}$$

他记为 $agM(a,b)$.1799年5月30日他在日记中写道:

"我们已经确定1和 $\sqrt{2}$ 的算术几何平均与 $\pi/\tilde{\omega}$ 相重到11位;这个事实的证明肯定将开辟一个全新的分析领域."

勒让德搞了一辈子椭圆积分,却从来没有想到把椭圆积分反演得出椭圆函数,以致他在晚年不无辛酸地赞美阿贝尔及雅可比的工作.当时有三位数学家考虑到反演问题,他们是高斯、阿贝尔及雅可比.

高斯得出双纽线函数,但其结果直到他去世后才发表.阿贝尔在1823年已经有了反演的想法,1827年发表第一篇论文.同年,雅可比开始研究椭圆函数,并写了一篇没有证明过程的论文.其后,两人都发表了这方面的论文,特别是雅可比在1829年出版的《椭圆函数论新基础》(*Fundamenta Nova Theoriae Functionum Ellipticarum*)成为椭圆函数论的奠基性著作.在此之前,勒让德在《椭圆函数论》的补篇(1828)中介绍了阿贝尔及雅可比的工作.

阿贝尔和雅可比在椭圆函数方面的贡献很多，主要有以下几个方面：

(1) 引进雅可比椭圆函数.

(2) 由实值扩展到复值，并发现双周期性.

(3) 给出椭圆函数的表示，并建立θ函数理论.

雅可比在《椭圆函数论新基础》一书中建立了θ函数理论，从而给椭圆函数一个系统的表示.特殊的θ型函数最早是雅各布·伯努利在《猜度术》(1713)中引进的，他研究过$\sum_{n=0}^{\infty} m^{n^2}$，$\sum_{n=0}^{\infty} m^{\frac{n(n+1)}{2}}$，$\sum_{n=0}^{\infty} m^{\frac{n(n+3)}{2}}$，它们都是$\theta$函数.欧拉在《无穷分析引论》(1748)中为研究分拆函数$\prod(1-q^n)$而引进第二变元ζ，得到$\prod^{\infty}(1-q^n\zeta)^{-1}$，它也是$\theta$函数.其后，它出现在傅里叶的《热的分析理论》(1822)中.但只有雅可比把θ函数同椭圆函数联系起来，并在数论上加以应用.θ函数是单周期的整函数，可以用收敛很快的级数来表示，因此在椭圆函数计算中是最好的工具.

雅可比早在1828年先由椭圆函数论得出四种θ函数的变换公式，但泊松已经于1823年先得到了其中一种，且其他三种不难由初等代数得到.雅可比最重要的贡献在于把椭圆函数用θ函数表示，然后由椭圆函数得出θ函数的无穷乘积表示.椭圆函数及θ函数有了明显表达式之后，很容易推出它们的性质、变换公式、微分方程等，而且为其广泛应用开辟了道路.从历史上讲，雅可比最早用的是Θ函数及H函数，后来改为四

种 θ 函数，其后不同数学家用的记号也有些差别，理论上主要是用魏尔斯特拉斯的记号，而雅可比的记号在应用上由于方便、实用，直到现在仍在被广泛使用.

θ 函数有许多推广，埃尔米特于1858年定义了 θ 级数 $\theta_{u,v}$，而向高维推广则为阿贝尔函数论提供了工具.

到 1838 年，雅可比椭圆函数论已经建立，并在各方面有着广泛应用. 然而从理论上讲，椭圆函数的完整理论是魏尔斯特拉斯建立的，他从 1857 年冬季学期起，开始在柏林大学讲授椭圆函数论课程，他的讲义内容由于学生的传播而逐渐公之于世. 魏尔斯特拉斯最早发表的椭圆函数论文是于 1882—1883 年分四篇发表在《柏林科学院会报》上，他的讲演经施瓦茨整理后于 1893 年出版，书名为《椭圆函数应用的公式及定理》(*Formeln und Lehrsätze zum Gebrauche der elliptischen Funkionen*). 他以前的研究由于他的《魏尔斯特拉斯全集》第一卷(1894) 及第二卷(1895) 的出版而公之于世，特别是 1875 年他在柏林大学的就职演讲已经包括了体系的概要. 魏尔斯特拉斯的椭圆函数理论现在已成为标准的表述. 从历史上看，在他之前，许多数学家也有一些类似的不同于雅可比椭圆函数的考虑.

法国数学家刘维尔在 1844 年最早把双周期性作为刻画椭圆函数的出发点，他受到柯西的复分析理论，特别是留数演算的影响，从复分析的大视野来观察椭圆函数. 他把在有限复平面上亚纯的双周期函数定义

为椭圆函数,则复平面可划分为周期平行四边形.他证明了:在一个周期平行四边形内没有极点的椭圆函数是常数,这是一般刘维尔定理的特殊情形.他还证明了,在两极点情形,椭圆函数在任一周期平行四边形的极点处留数之和为0,一般情形是埃尔米特在1848年证明的.他证明,任一椭圆函数在一周期平行四边形内取任何值的次数均相同;零点之和与极点之和的差等于一个周期.刘维尔在法兰西学院讲的椭圆函数课程为他的学生布瑞奥及布盖所吸收,他们合写的书《双周期函数理论》(*Theorie des fonctions doublement periodiques*)于1859年出版,是椭圆函数论的第一部专著,1875年出第二版时,篇幅由原来的342页翻了一番,多达700页,这反映出理论进步之快.不过,刘维尔对这两个学生极为不满,认为他们剽窃自己的理论,对此魏尔斯特拉斯也有同感.

英国数学家凯莱从1845年起就发表椭圆函数的论文,一直持续了半个世纪.他的风格保守,十分倾向于具体计算.只是在1845年的论文中给出椭圆函数的一个双重无穷乘积表示,而不是像以前从椭圆积分反演得来,他具体从双重无穷乘积来表示雅可比椭圆函数.凯莱的研究收入在他唯一出版的著作《椭圆函数》(1876)中.

19世纪中叶,对椭圆函数的研究主要集中在德国,除了雅可比和他的学生之外,本书的主角艾森斯坦是椭圆函数的主要研究者,他更多是从数论出发,但是他的论文没有引起很多注意，直到19世纪80年代才为克朗耐克所发展. 艾森斯坦批评阿贝尔和雅可比通过椭圆积分的反演以及通过加法定理复化既不自然也不严格. 他在1847年发表关于椭圆函数的论文，使用双重无穷乘积定义椭圆函数. 他的研究为克朗耐克所继续，特别是他在晚年的一系列著作，其工具是二重级数. 他们的工作都与数论相关.

尽管凯莱及艾森斯坦等人早已有不从椭圆积分的反演来定义椭圆函数的想法，但是椭圆函数的系统理论公认为是魏尔斯特拉斯所建立. 也正是由这时开始，椭圆函数论正式作为解析函数论的一个特殊情况来处理. 从19世纪末起，在许多解析函数论的著作中，后面一大半是论述椭圆函数及其推广的. 随着时间的流逝，椭圆函数这部分越来越薄，最后趋向于0，这导致现代大学生对这类不仅在历史上而且到现在仍极为重要的函数一无所知.

在椭圆函数与模函数领域出现的大家很多，但阿贝尔是一个绕不过去的人物.

梁启超曾说："古今中外论济世救人者，耶稣之外，墨子而已."

从此等口气谈论椭圆函数这一分支的建立，我们可以说，古今中外论椭圆函数与椭圆积分者，高斯之外，阿贝尔而已.

这个挪威青年有两大不幸，一是身染肺病，二是结果不被承认. 如果晚生150年肺结核便有药可医，但成

果被忽视既使到今天也难免，例如德布兰吉斯证明的比勃巴赫猜想.

阿贝尔积分和阿贝尔函数是椭圆积分、超椭圆积分以及椭圆函数、超椭圆函数的推广，1826 年 10 月 30 日，他把题为《论很广一类超越函数的一般性质》(*Memoire sur une properiete generale d'une classe trs etendue de fonctions transcendants*)的论文呈递给巴黎科学院，但是负责评审论文的柯西连看也没看，就把它丢在一边. 此文直到 1841 年才发表，而其中证明的阿贝尔定理的特殊情形于 1826 年发表.

椭圆积分及其反演到 1832 年已有一个相当满意的解答，而一般的阿贝尔积分及其反演问题却遇到极大困难.

雅可比没能解决这个问题，他只是在 1832 年证明反函数也具有一个代数加法定理，并在 1834 年研究 $v=3$ 的特殊情形，即可以简化为椭圆积分的阿贝尔积分的反演. 这时他已意识到需要多变元的多重周期函数来代替 θ 函数，一般超椭圆积分的分类问题在 1838 年由雅可比的学生黎西罗(Friedrich Julius Richelot，1808—1875) 解决. 他著有《椭圆函数》《阿贝尔曲体》等专著. 不过他广为人知的工作是用尺规作出了正 257 边形，稿纸长达 80 页之多.

雅可比反演问题的最简单情形($v=3$) 由哥贝尔(Adolph Gopel，1812—1847) 在 1847 年对特殊情形解决，一般情形由罗森哈恩(Johann Georg Rosenhain，

1816—1887）在 1850 年完全解决. 他们都是雅可比的学生，解决途径都是沿着雅可比所指出的对两变元情形适当推广 θ 函数.

对于一般情形，魏尔斯特拉斯试图解决第一类超椭圆积分的反演问题. 在 19 世纪 40 年代中期，他还是中学教师时，就已经花费很大力气研究这个问题. 第一篇论文发表在 1848—1849 年布劳恩斯伯格中学的年度报告上，当然，它没有引起注意. 在 1849 年 7 月 17 日的手稿中，他已得出这个问题的主要结果，即引进类似于 θ 函数的辅助函数，并把反函数表为这种收敛幂级数之商，其详细内容于 1853 年寄给《克莱尔杂志》，并于 1854 年发表. 这篇论文使他名声大振，他获得 1855—1856 年度的休假并进行专门研究，发表了 1856 年的论文，这两篇论文直接将他迎进了柏林大学的大门. 1856 年的论文详细叙述了对超椭圆积分的雅可比反演问题的解决过程. 这次他把它表述为微分方程的解，他声称他的方法对一般的阿贝尔积分也适用，并于 1857 年夏天向柏林科学院提交了详细的报告，但在印刷过程中他撤回了这篇论文. 几周后，黎曼发表了由四部分组成的长篇大论文《阿贝尔函数论》，两人用的方法不同，但结果完全一样，他后来重新写了这篇论文，并从 1869 年开始用于他的讲课之中.

从阿贝尔到黎曼，阿贝尔函数论这个领域进展不大，但从历史上看，伽罗华在 1832 年写的最后的书信中却包括许多代数函数论的内容，他叙述了许多定理，

不过没有任何证明.其中包括后来黎曼完成的把阿贝尔积分分成三类的结果,他还知道第一类积分的周期数目与第一类和第二类线性独立积分数目之间的关系.他还给出第三类积分的参量与独立变量之间的互换公式.不过在他以前的论文中看不到有关这些结果的痕迹,这种天才的闪光经过20年却没人能理解,只有在另一位天才——黎曼那里才引起另一次突破,但似乎没有什么证据说明黎曼知道伽罗华的这封信.

关于阿贝尔函数,黎曼发表了两篇文章:一是《阿贝尔函数论》(*Theorie der Abel'schen Functionen*),一是《论 θ 函数的零点》(*uber das Verschwinden der Theta-Functionen*),这是前一篇的续篇.前一篇由四部分构成,是他生前发表的最深刻且有丰富内容的著作.

(1)阿贝尔积分的表示及分类,即对由

$$f(z,\omega)=0$$

定义的黎曼曲面上所有阿贝尔积分进行分类.第一类阿贝尔积分,在黎曼曲面上处处有界,线性独立的第一类阿贝尔积分的数目等于曲面的亏格 p,如果曲面的连通数

$$N=2p+1$$

这 p 个阿贝尔积分被称为基本积分.

第二类阿贝尔积分,在黎曼曲面上以有限多点为极点.

第三类阿贝尔积分,在黎曼曲面上具有对数型奇点.

每一个阿贝尔积分均为上三类积分的和.

黎曼还引进相伴曲面观念.黎曼面上的有理函数也可借助相伴曲面来表示.

(2) 黎曼-洛赫定理.

这是代数函数论及代数几何学最重要的定理.黎曼得到的是黎曼不等式,是黎曼-洛赫定理的原始形态,黎曼研究的出发点之一是黎曼面上指定单极点的亚纯函数的数目.他证明,以 μ 个给定的一般点为极点的单值函数形式 $\mu-p+1$ 维线性簇,但对于一组特殊的 m 个点,维数 l 还要增加,因此黎曼得出黎曼不等式

$$l \geqslant \mu-p+1$$

黎曼的学生洛赫(Gustav Roch,1839—1866)补充了一项,使之成为等式,此即代数函数论及代数几何学中心定理.

1882 年出现两篇关于代数函数论的大论文,一篇是戴德金和 H. 韦伯合写的,一篇是克朗耐克写的.他们由代数-算术方法推广黎曼的理论,特别是黎曼-洛赫定理.前者用理想的语言,后者用除子的语言来整理代数函数论,揭示它们与代数数论的相似之处,从而最终指向交换代数学.

(3) 黎曼矩阵、黎曼点集与阿贝尔函数.

黎曼认识到,周期关系是非退化阿贝尔函数存在的充分且必要条件,但他既没有表述完全,也没有提供一个证明.对此,魏尔斯特拉斯尽管花费了很大力气,仍未能得出一个完全证明.庞加莱完成了证明(1902).

他证明,任何 $2n$ 重周期的解析函数可以表示为两个整函数的商,这两个整函数满足 θ 函数所适合的函数方程.

1884 年弗罗比尼乌斯证明,存在非平凡 θ 函数的充分且必要条件就是黎曼的双线性关系.黎曼双线性关系也被称为黎曼-弗罗比尼乌斯关系,因此可知这些关系是存在具有给定周期的亚纯函数,经过线性变换之后变元数目不减少的充分必要条件,当然它也保证由周期关系定义的 θ 函数绝对且一致收敛,它还定义了一个与黎曼曲面对应的雅可比簇 $J(x)$.

(4)θ 函数及雅可比反演问题.

为了研究雅可比簇,黎曼推广雅可比 θ 函数,引进黎曼 θ 函数.

黎曼证明了下列定理:

① 阿贝尔定理;

② 阿贝尔函数的雅可比反演定理;

③ 黎曼奇性定理.

(5) 双有理变换的概念和参模.

黎曼对于由两个代数函数

$$F(s,z)=0$$

$$F_1(s_1,z_1)=0$$

定义的黎曼面,引进了一个等价关系,即双有理等价,也就是通过 (s,z) 与 (s_1,z_1) 之间的有理函数一一对应,使 F 变到 F_1 或 F_1 变到 F. 以后的代数几何学,研究双有理不变量及双有理等价类成为中心课题.对于平面代数曲线,黎曼提出描述亏格为 p 的双有理等价类集合的问题.黎曼通过θ函数推出,当$p>1$时,这集合依赖于$(3p-3)$个任意复常数,他称这些常数为"类模"(klassen moduln),后来简称为模或参模(moduli).当参模是"一般的"(即不满足特殊条件)时,黎曼给出该参模等价类中定义的方程

$$F(s,z)=0$$

的最小阶数.关于参模结构的研究是现代数学的热门话题,从20世纪30年代以来已经取得了很大的进展.

黎曼在晚年的一个成就是证明$p=3$情形的托雷里(Ruggiere Torelli,1884—1915)定理,即$J(x)$,Θ决定X.为此,他把θ函数稍加推广,成为具有特征的θ函数.利用这种广义θ函数及其导数在零点的值(即所谓θ常数),就可以定出亏格为p的黎曼面所依赖的参数.

一般曲线的托雷里定理是托雷里在1914年证明的,不过有一些漏洞,直到1957年才由魏伊补全.

代数函数论的另一大问题是肖特基问题,由于雅可比簇是主极化阿贝尔簇,但反过来不一定对.问题是:哪些主极化阿贝尔簇是代数曲线的雅可比簇?1880年,肖特基对于$p=3$的情形进行研究.1888年对于$p=4$的情形,他证明,某些θ常数的16次多项式在雅可比簇上为0,但一般不为0.1909年,他和荣格(Heinrich Wilhelm Ewald Jung,1876—1953)引入肖特基簇,猜想它可以刻画雅可比簇,这就是所谓肖特基猜想,至今尚未解决.原来的肖特基问题由于1986年盐田隆比吕证明诺维科夫(Serge Novikov,1938—)猜想而向前迈进了一大步.

从以上胡作玄先生的介绍可以看出,椭圆函数始

于蛮横角力计算积分,终于以优雅方式建立起宏大的理论.

2012年60岁的围棋老将聂卫平参加了当年的三星杯分组赛,虽然第一轮就“惨遭”淘汰,但他还是从心底里“看不上”那些只知蛮横角力而忽略了围棋美学和艺术性的“实战派棋手”.他说:“没有大局观的围棋我不喜欢,那还能算围棋吗?”

如果说椭圆曲线和椭圆函数还停留在为计算椭圆周长作准备的初级阶段,那么它就早被历史所淘汰,正是因为它成为了21世纪最主流的代数几何学的发轫,才有了今天人们愿意将其钩沉出来的愿望.

曾有记者问季羡林先生,学那些早已作古的文字,如梵文、吐火罗文,有什么用?季先生淡然说:“世间的学问,学好了,都有用;学不好,都没用.”

确实,人们现在大多愿意学习那些最时髦的理论,对椭圆函数这种19世纪的“过时”理论不屑一顾,但对于那些对数学真正感兴趣的人,这么漂亮的理论不学真是罪过,所以笔者所在的工作室从大量旧文献中将其打捞出来,奉献给那些真想学的读者.香港中文大学教授李连江总结说,“想学”和“真想学”是有差别的,有四层意思:

(1) 真想学,就不在乎别人学不学,也不在乎别人学得怎么样;

(2) 真想学,就会努力学好,不会满足于差不多;

(3) 真想学,就会对自己有耐心;

(4) 真想学,才能埋头耕耘,不问收获.

由于这一分支历史久远,所以有些文献文白参半,如硬改为今天的语气也有不便,正如学者蒋寅有一篇文章叫《扫他妈的墓》中写道：

19 世纪 30 年代正值举国风行白话文之际，官方刊发何应钦扫墓消息，指定标题为《何省长昨日去岳麓山扫其母之墓》.报人改为白话文，翌日以《何省长昨日去岳麓山扫他妈的墓》为题见报，有些东西还是原汁原味较好，反之易弄巧成拙，被人笑话.

在编的过程中我们遗憾的发现，世界各先进国家的数学家对此均有所贡献，经典著作很多.但大多都在“文革”期间被消灭了，其破坏程度不亚于第二次世界大战.根据曼宁的研究，共有超过 1 亿册的书籍消失在第二次世界大战，其中除了焚毁的外，还包括因空袭和爆炸毁坏的书籍.但是，经过战时书籍委员会的努力，有超过一亿两千三百万的战士版书被印制出来，再加上胜利募书运动募集的图书，发送给美国武装军人的书比希特勒销毁的还多.

“当希特勒发动全面战争，美国不仅以士兵和子弹打了回去，还以书反击.虽然现代战争少不了新式武器——从飞机到原子弹，但经证实，书才是最难对付的武器.”曼宁如是说.

本书是经典数学中的经典内容，要读懂它无论是谁都要下一点笨功夫才行.

用胡适大师的话结束本文：这个世界聪明人太多，肯下笨功夫的人太少，所以成功者只是少数人.

刘培杰

2017 年 6 月 25 日

于哈工大